視覺圖解

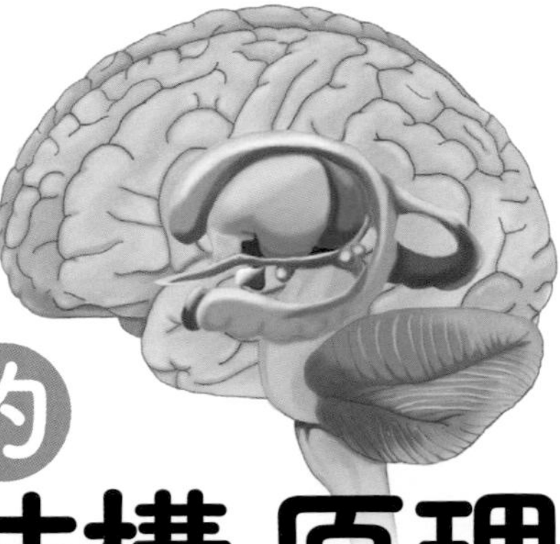

腦的結構與原理

大腦與「身體・感情・行為」的連結

腦內科醫師、昭和大學客座教授
加藤俊德——監修

楓書坊

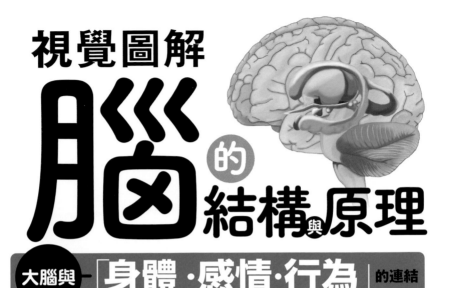

前言

我可以很篤定地說：「認識大腦，就等於是認識人生。」

研究大腦並不只是增長學問知識，也是研究一個人的生存方式。

「大腦應該不像肌肉一樣可以鍛鍊吧？」

這是十四歲的我當年的疑問。從此以後，我便一直貫徹這個研究主題，開始潛心鑽研，作為我的畢生職志。

而後，我進入大學醫學系就讀，卻沒有在大學的課堂上找到答案。我在畢業後遠赴美國，使用最先進的MRI（磁共振成像）技術研究大腦。MRI是利用「磁場」拍攝人體內部的技術，所以我才能在大約二十年間，分析一萬人以上的腦部影像，並且觀察各個年齡、各種健康狀態的人的大腦。筆者我特別著重於觀察婦產科領域的胎兒腦部、小兒科領域的新生兒與幼兒腦部、一般社會人士的腦部、神經內科和老年醫學科的高齡者腦部，以及阿茲海默症患者的腦部等等，橫跨多種診療，分析了許多障礙人士與健康人士的大腦。

因此，我可以很篤定地說，每一個人擁有的大腦，都會各自逐日變化、成長。一個人藉由資訊和經驗鍛鍊而成的腦部功能，必定會影響他的腦部形狀。換言之，「大腦形狀」匯集了你所有的人生。

本書雖然是介紹腦部基礎知識的入門書，但也是吸引讀者更深入探討大腦的科普書籍。不論你之後是想正式投入醫學領域，還是想當個對企業業績貢獻良多的商務人士，一切人類的基本都取決於大腦，所以我相信這裡所寫的基礎內容都一定會帶來直接或間接的助益。期望有更多人拿起這本書，閱讀這本書。

腦內科醫師、醫學博士

加藤 俊德

視覺圖解　腦的結構與原理

目錄

※本書是根據二〇一四年日本發行的《一番よくわかる！脳のしくみ》一書，檢查並修正部分內容後，更換書名和裝幀、重新發行的書籍。

第2章 腦部與五感的構造篇 ~額葉、頂葉、顳葉、枕葉的作用~

第3章 腦和慾望、記憶的原理

1 慾望的運作原理

2 腦與記憶的運作原理 …… 74

～人為什麼會記憶、遺忘、回想？～

第4章 腦和行為的原理篇 ～運動與睡眠的功用～

第5章 腦與身體調節的原理
～為什麼胃和心臟會動、血壓會上升、體溫會恆定？～

第6章 腦部成長與伴隨老化而來的疾病原理
~人為什麼會愈來愈健忘？~

第 1 章

腦部的構造
和各部位的功用

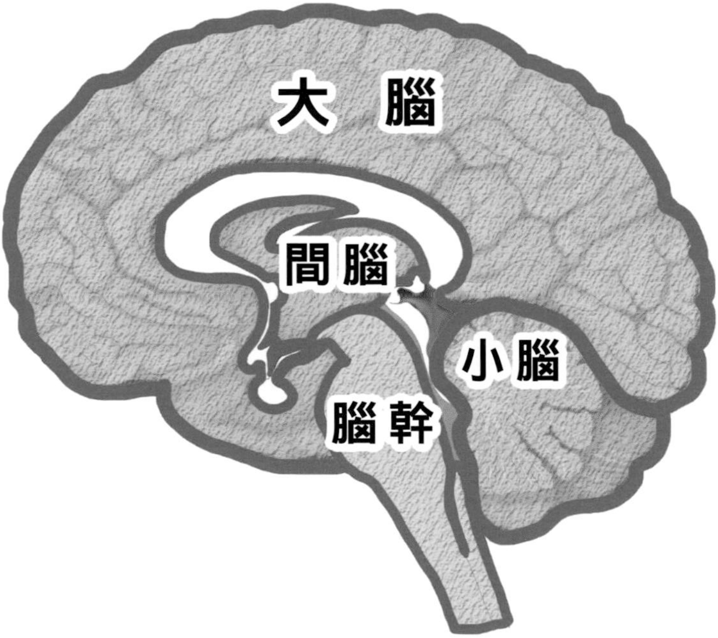

1 腦部的基本知識

腦部構造

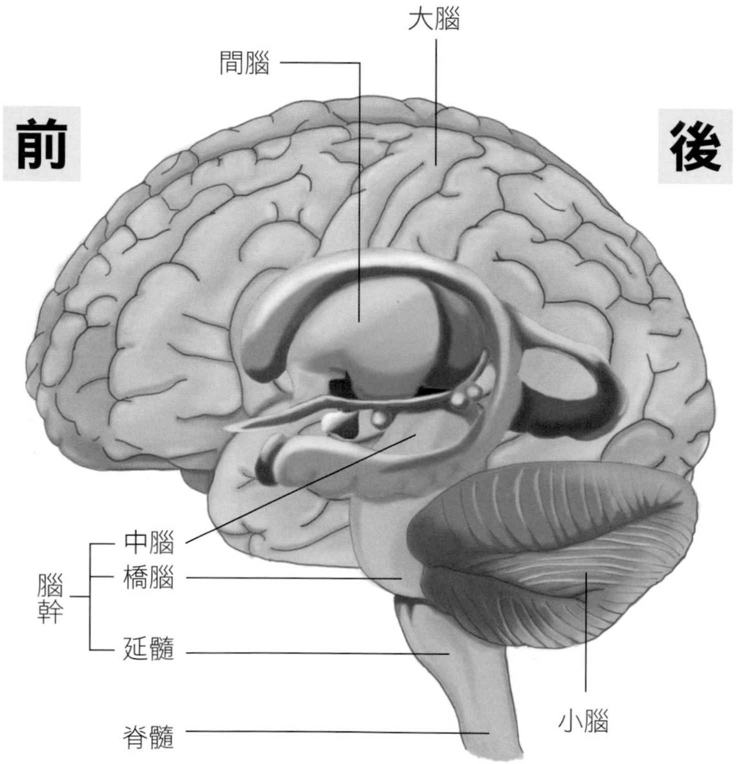

腦部的結構圖

人類的腦有「大腦」、「間腦」、「腦幹」、「小腦」這四個部位，具有攸關生命的重大作用。

腦部的構造

人類的腦部有一千億個以上的神經細胞，組成腦細胞集團。而腦部占據顱內大部分空間，成人的腦重量相當於體重的二%左右、大約是一・二～一・六公斤（成人的腦重量，男性約為一四五〇公克，女性約為一三四〇公克）。

整個腦部是由大腦、間腦、腦幹（中腦、橋腦、延髓）、小腦所組成，各別負責掌控生命活動必備的功能。

大腦占了腦的大部分，在它後下方的是小腦。藏在大腦內、位於腦部中心的是間腦和腦幹。腦幹是由中腦、橋腦、延髓所構成，下端的延髓與脊髓相連。

遍布大腦表面的大腦皮質

大腦皮質根據其內部構造，可以分為古皮質、原皮質、中皮質、新皮質。

人類的大腦皮質，大部分都是新皮質，是皮質構造中進化得最新的部分，負責經營知覺、運動、記憶、思考、言語這些高度功能。它是厚度大約二公釐的組織，呈現灰白色。

新皮質又可分成額葉、頂葉、顳葉、枕葉這些區域，各個區域都具有特定的功能（詳情後述）。

大腦古皮質位於大腦周邊的邊緣系統，負責控制性慾及其他基於本能慾望的情感。

大腦原皮質是指邊緣系統的海馬迴結構，是與記憶有關的部位。而大腦中皮質，是指大腦邊緣系統的扣帶回，又稱作扣帶皮質，這是與情感的生成和學習、記憶有關的部位。

作為自律神經系統中樞的間腦

間腦是連接大腦和腦幹的部位，也就是夾在左右大腦半球之間的位置。

間腦的主要功能，不光只是掌管生命活動的自律神經中樞，也和情感與情緒的活動有密切的關聯。

而且，它也是整個大腦皮質區域（新皮質和邊緣系統皮質（古皮質、原皮質、中皮質））的調節系統中樞。

腦幹負責調節維持生命最重要的自律神經

腦幹的功用是支撐大腦的支幹，所以才以此命名，其構造又分為中腦、橋腦、延髓，是維持生命最重要的自律神經功能的部位。腦幹在系統發生學上，是最古老的腦部。

腦幹的主要功能，包含調整以心臟為中心的血液循環和血壓（調節心跳和血壓的循環中樞）、形成呼吸的規律（呼吸中樞）、與吞嚥（將食物從口腔送入胃裡的運動〈吞嚥運動〉）有關（吞嚥中樞）、引發嘔吐反射（嘔吐中樞）。此外，它還包含了引起排尿的中樞。

這些中樞都位於從延髓到中腦，也就是遍布腦幹整體的網狀結構之中。腦幹的網狀結構在接受各種感覺刺激時，會經由視丘傳達至大腦皮質，使大腦皮質興奮起來，以維持意識狀態的層級。

引發睡眠的中樞也同樣位於腦幹網狀結構中。而控制眼球活動的眼外肌、咀嚼肌、臉部表情肌的腦神經起點——運動神經核也位於腦幹，負責調節這些肌肉的運動和反射動作。

腦的底部

底面

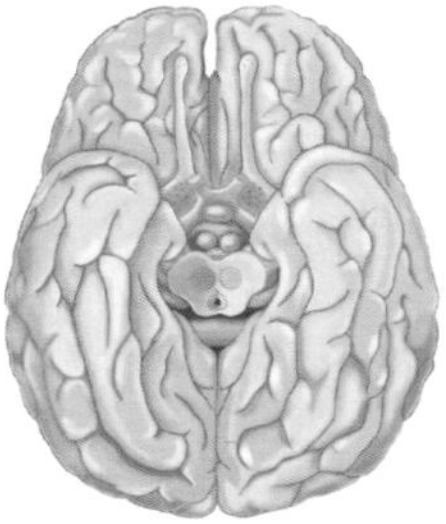

保持姿勢、調節四肢運動的小腦

小腦位於大腦的下面、腦幹的後方，有三對小腦腳連接腦幹的中腦、橋腦和延髓。

小腦的功能是接收內耳輸入的平衡感來調節眼球運動。另外，它也會接收從脊髓輸入的運動、姿勢相關的各種資訊，以及來自大腦皮質的輸入，然後再輸出到大腦皮質和大腦基底核，藉此維持姿勢、調整四肢運動。小腦一旦受損，除了會造成平衡障礙，還會導致肌肉鬆弛，引發各種運動障礙。

保護腦部的構造

腦是受到顱內的三層「腦脊髓膜」（又簡稱為「髓膜」）保護，這三層膜分別是「軟腦膜」、「蜘蛛膜」、「硬腦膜」。

軟腦膜是腦脊髓膜當中最內側的膜，實質上與腦部貼合。蜘蛛膜是從內側數來第二層，與軟腦膜之間有一個叫作蜘

腦幹的主要功能	
循環中樞	調整以心臟為中心的血液循環和血壓
呼吸中樞	形成呼吸的規律
吞嚥中樞	吞嚥（將食物從口腔送到胃裡的吞嚥運動）
嘔吐中樞	引發嘔吐反射

※另外也包含促成排尿的中樞。

腦的上面、前方與側面

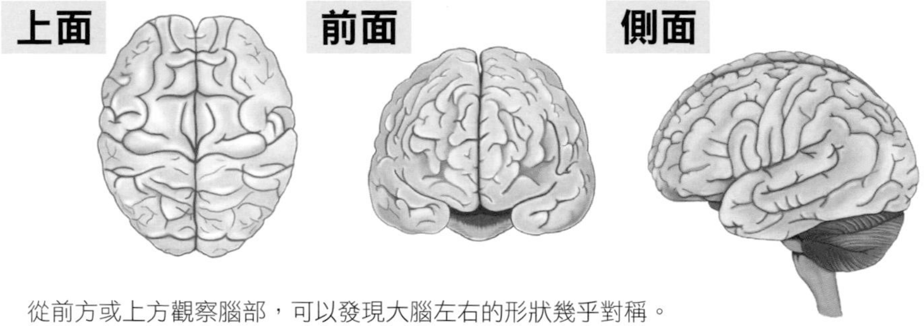

從前方或上方觀察腦部，可以發現大腦左右的形狀幾乎對稱。
不過就和人的外貌一樣，腦的左右形狀也有個體差異。

蛛膜下腔的空間。蜘蛛膜下腔充滿了腦脊液。最外側的硬腦膜，除了一部分以外，皆與顱內側緊密貼合，也和蜘蛛膜幾乎密合。

保護腦和脊髓的腦脊髓液

腦脊髓液是經常從腦室（腦內的空洞）流向腦部表面和脊髓表面，填滿腦脊髓的蜘蛛膜和軟腦膜之間、腦室內的無色透明液體。又稱作腦脊液。腦脊液包覆著腦部和脊髓，在骨骼和腦部之間正好發揮了減少摩擦的潤滑作用。而它對於外來的物理性衝擊，也能發揮緩衝作用，主要負責保護腦部和脊髓。

腦室是指腦內部的空間。左右大腦半球的側腦室、間腦的第三腦室、中腦的部位，有一條大腦導水管，接著通往菱形的第四腦室、連向脊髓的中心管。

腦脊液是由腦室內壁凸起呈房狀的脈絡叢所生成。腦室和蜘蛛膜下腔充滿腦脊液，腦室內的液體量大約是三〇毫升，蜘蛛膜下腔則大約是一一〇毫升。

脈絡叢一天製造的腦脊液約有五〇〇毫升，腦室和蜘蛛膜下腔的腦脊液一天會循環更替約三～四次。

構成腦部的細胞

腦主要是由神經元和神經膠質細胞所構成。

神經元是指神經細胞，占了腦部整體約一〇％。它已經特化成處理資訊、傳達興奮的腦部功能。

神經膠質細胞又稱作神經膠細胞，占了腦部整體約九〇％，充斥在神經元之間（詳情參照18頁）。

2 腦部的活動原理

葡萄糖是腦的能量來源

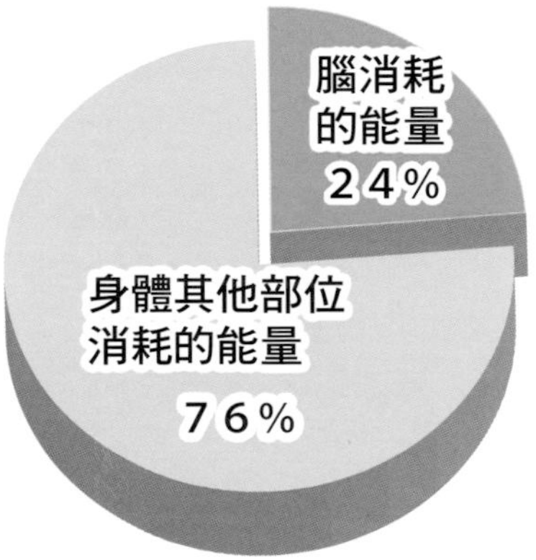

腦的重量是
體重的2%

葡萄糖是腦部必備的營養素。
為了幫助腦部成長、正常運作，必須經常補充葡萄糖。

腦部活動必備的元素

腦部有一千億個以上的神經細胞，構成了各個部位。從根本上支持這些腦神經細胞活動的，是在能量來源上具有重大作用的氧氣和葡萄糖。葡萄糖和氧氣產生反應，就可以獲得能量。

腦會依據活動的內容，新陳代謝比身體的任何一個部位都要活潑，經常需要大量補充這些養分。血液中的葡萄糖有大約五〇％，都是由腦部所消耗；負責供應葡萄糖的就是腦內血管的血液循環。

腦與血液

比較一下體重和腦部的重量，成人的腦部重量大約只有體重的約二・五％。但是，流經腦部的血液量卻占了全身血液量的二〇％，每分鐘都有大約八百毫升的大量血液流過。腦會從這些血液中攝取需要的氧氣和葡萄糖。而腦部消耗的能量，多達全身消耗能量的二四％。

腦血管的特徵

腦部有許多血管通過，但腦血管具有不同於其他血管的特徵。

腦血管的最大特徵是有一道障壁，可以選擇性控制血液中的物質滲透到腦部。換句話說，腦並不是吸收血管內流動的全部物質，而是依物質來阻止它進入腦細胞。這個功能就稱作「血腦屏障」。與這個功能有密切關係的，是覆蓋在腦部微血管內側的內皮細胞和神經膠質細胞。這道屏障是保護腦細胞不可或缺的功能。

而在出生前的胎兒腦部，還沒有這道屏障的功能。

能量的來源是葡萄糖

葡萄糖是腦部必備的能量來源，也是唯一的能量來源。

但是，腦卻無法儲存葡萄糖。沒有供給到腦部而剩下的葡萄糖，會在肌肉和肝臟裡轉換成肝糖、儲存起來。

腦細胞活化多少，就會消耗多少葡萄糖。如果血液中缺乏葡萄糖，就會消耗到肝臟裡儲存的肝糖。倘若這樣還是不夠，腦部就會設法讓其他組織不要攝取葡萄糖，優先將葡萄糖送到腦部。

3 構成腦部的神經元和神經膠質細胞

神經元和神經膠質細胞

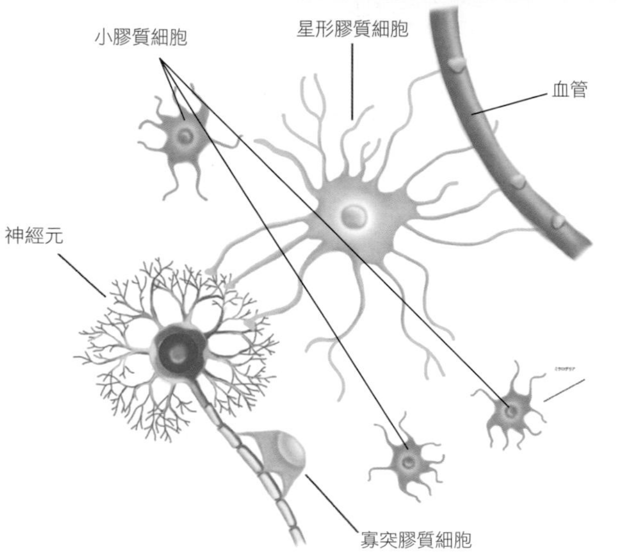

神經元的構造

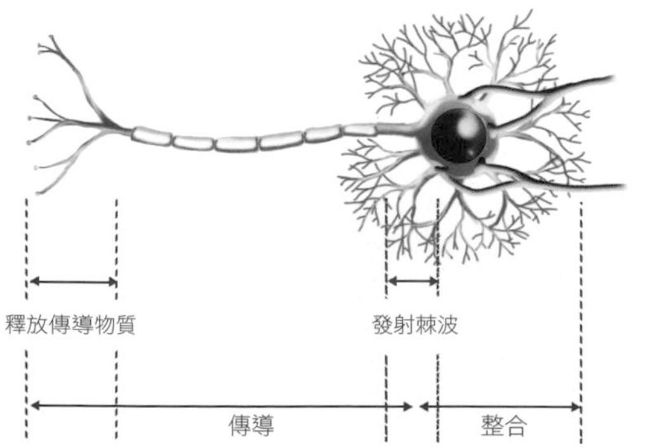

腦部的細胞呈現什麼樣的構造？

神經元可透過突觸接收其他神經元的神經傳導物質。若是刺激變強，神經組織就會興奮起來，放出一種叫作棘波的電氣。

神經元的部位名稱與功用

神經元的部位

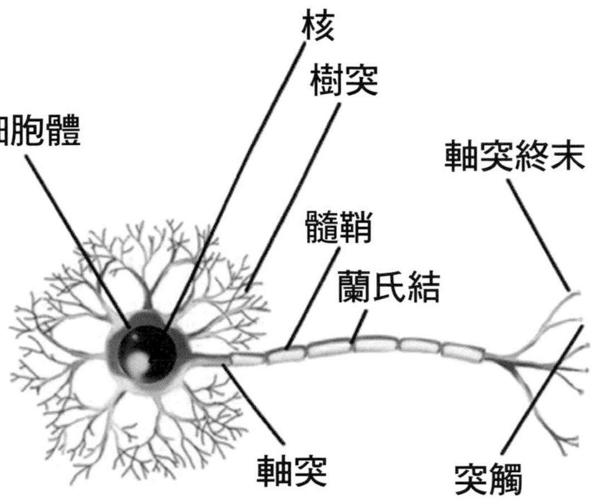

通常，神經元（神經細胞）的基本構造，是由①細胞體、②樹突、③軸突組成。

如果再更詳細觀察神經元，還會發現軸突包含髓鞘、蘭氏結、軸突終末、突觸等部位。

如果要個別說明的話，細胞體是神經元除去樹突和軸突的部分，擁有細胞核和維持生命的活動必備的各種小器官的受體。

樹突的功用，是接收其他神經元傳來的資訊（訊號）。

軸突是從細胞體延伸出來的最長突起，末端分岔的部分，負責將資訊（訊號）傳送至下一個神經元或肌肉、腺體、菌毛等效應器官。

髓鞘又稱作髓磷脂鞘，是包覆神經元軸突的鞘狀被膜，具有加快神經間傳導速度的作用。

蘭氏結是指軸突沒有髓鞘包覆、裸露的部分。

軸突終末是軸突的末端，負責將資訊（訊號）傳送到其他神經元。

突觸是從一個神經元，將資訊（訊號）傳導至細胞和其他神經元的軸突終末的接合部分。

神經元的種類

神經元的形狀和大小，會因部位和功能而不同，可依照神經突起（樹突、軸突）的數量分成三種。

分類如下。

❶由一根軸突、一根樹突組成的「雙極神經元」（可見於視網膜和內耳）

❷由一根軸突、多根樹突組成的「多極神經元」（可見於腦部和脊髓）

❸由一根軸突組成的「單極神經元」（下圖中軸突分岔者又稱作「假單極神經元」）（可見於感覺神經元）

神經膠質細胞的種類和功用

神經膠質細胞是對神經元以外的所有細胞的總稱。在腦中活動的神經膠質細胞，共有「小膠質細胞」、「星形膠質細胞」、「寡突膠質細胞」這三種。

小膠質細胞可以促進神經元修復，具有消滅細菌等外來入侵者和贅生細胞的作用。星形膠質細胞負責支撐神經元的

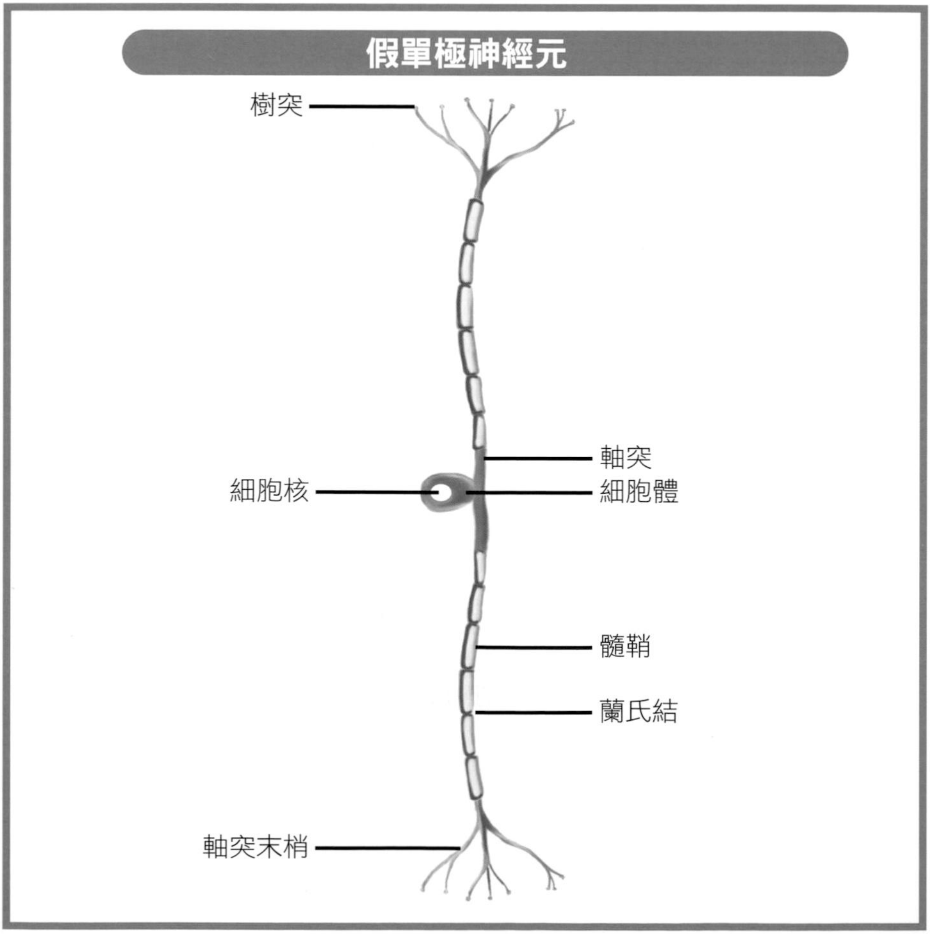

活動，提供可以保護和補給營養的穩定環境。至於寡突膠質細胞具有提高傳導速度的作用，會透過在神經元軸突的一部分形成的髓磷脂（髓鞘）進行跳躍傳導。

神經膠質細胞的功用就像這樣，除了將養分輸送到神經元以外，還會阻斷腦部不需要的物質和有害物質，幫助資訊流通順暢。它因為具有這些作用，所以又稱作支持細胞。神經膠質細胞雖然主要負責這些輔助性功能，不過近年發現，神經膠質細胞與資訊處理方面也有密切的關聯。

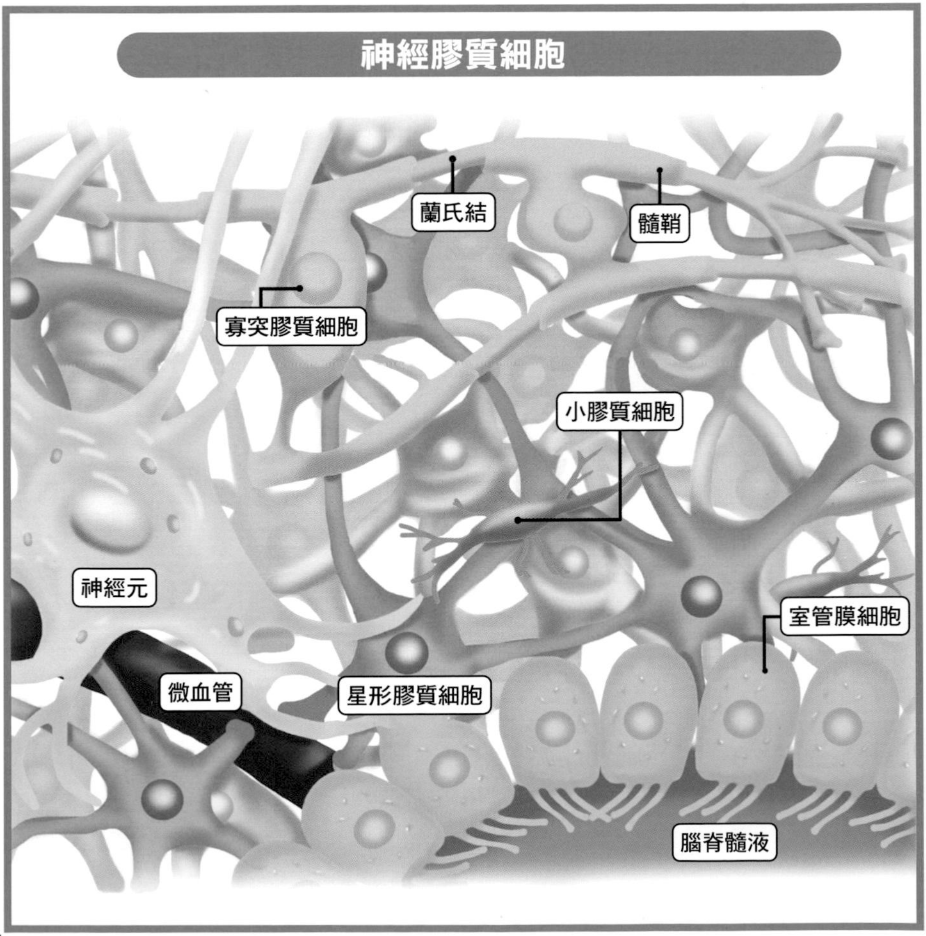

4 腦神經的構造和功能

腦神經功能表

	腦神經的名稱	功能
I	嗅神經	傳達嗅覺的神經
II	視神經	傳達視覺的神經
III	動眼神經	活動眼球的神經
IV	滑車神經	控制眼睛往旁邊和下方轉動的上斜肌運動
V	三叉神經	控制眼球、下顎、上顎相關的知覺和運動
VI	外展神經	控制使眼球往外側轉動的外直肌的運動神經
VII	顏面神經	控制表情肌、味覺相關
VIII	前庭耳蝸神經	控制平衡感、傳達聽覺的神經
IX	舌咽神經	傳達知覺、運動、味覺的運動神經，以及感覺神經、副交感神經的混合神經
X	迷走神經	頭部、頸部、胸部、腹部等分布範圍較大的神經纖維、副交感神經的主要元素
XI	副神經	控制斜方肌和胸鎖乳突肌
XII	舌下神經	控制舌頭的活動

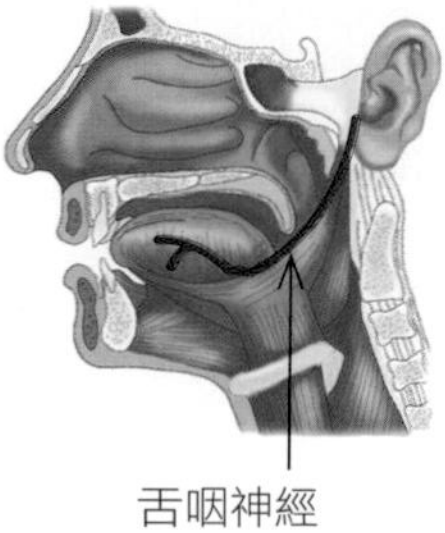
舌咽神經

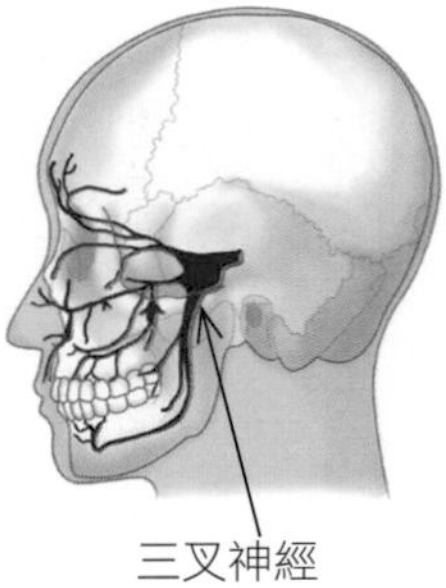
三叉神經

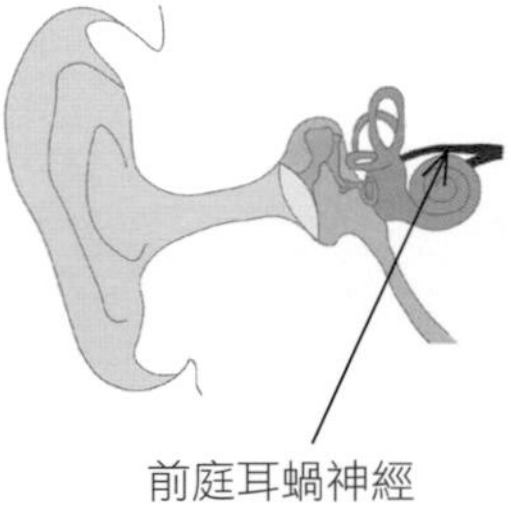
前庭耳蝸神經

腦神經的構造

腦神經是指從腦出入的末梢神經。具體來說，是從大腦到延髓、在其底部出入的神經，由前往後依序是第Ⅰ腦神經到第Ⅻ腦神經，由左右共十二對構成。

各個腦神經的功能如下。

①**嗅神經**：感受到氣味的感覺神經。從鼻腔黏膜內的嗅覺細胞延伸出來的細小神經纖維。

②**視神經**：傳達視覺的神經，傳遞到的腦部位會因眼睛部位而異。兩眼視網膜的左半邊感覺會傳到左腦，右半邊的感覺則會傳到右腦。

③**動眼神經**：活動眼球的神經，是從中腦的動眼神經核的細胞延伸出來的神經纖維。促使瞳孔收縮的副交感神經也位於動眼神經當中。

④**滑車神經**：控制驅動眼球的上斜肌。從中腦延伸而來。

⑤**三叉神經**：腦神經中最粗、由感覺神經和運動神經構成的神經纖維。從橋腦外側中央出入。控制眼睛和顏面相關的感覺與運動。

⑥**外展神經**：控制使眼球往外側轉動的外直肌的運動神經，從橋腦後方的外展神經核出入。

⑦**顏面神經**：從橋腦和延髓的交界出入的神經，控制製造臉部表情的表情肌。也與淚液和唾液分泌有關。

⑧**前庭耳蝸神經**：由顳骨內的前庭神經和耳蝸神經構成的混合神經，負責傳達平衡感和聽覺。

⑨**舌咽神經**：傳達知覺、運動、味覺的運動神經，與感覺神經、副交感神經的混合神經，從延髓外側出入。控制吞嚥所需的咽肌和舌頭深處三分之一的味覺、唾液分泌。

⑩**迷走神經**：從延髓外側出入，控制範圍包含頭部、頸部、胸部、腹部。為副交感神經的主要元素。

⑪**副神經**：一種運動神經，從延髓（延髓根）和脊髓（脊髓根）延伸出來、匯合成一條神經，控制斜方肌和胸鎖乳突肌。

⑫**舌下神經**：從延髓下端的舌下神經核出入，控制舌頭動作的神經。

5 大腦的構造和功能

大腦表面的功用會因區域而異

各個系統的腦區

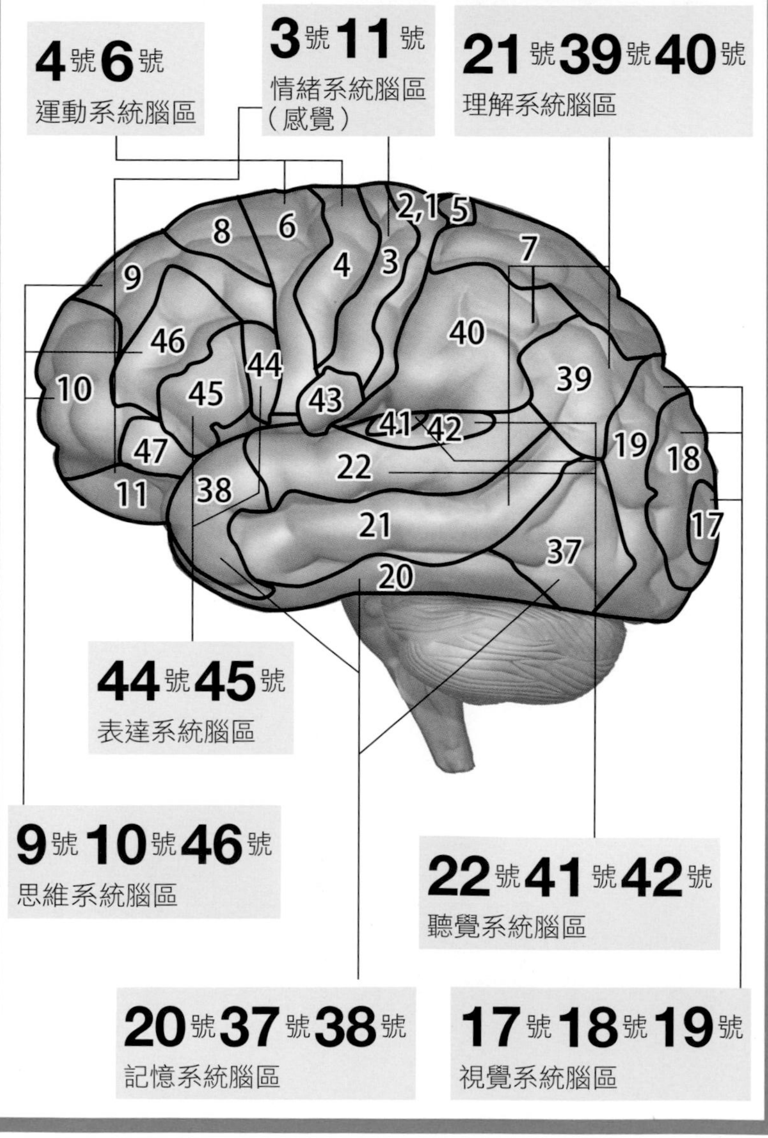

大腦的構造

如前文所述，大腦當中神經細胞都聚集在外側皮質和內側的大腦基底核。大腦基底核是負責聯絡大腦皮質和視丘、腦幹的神經細胞集合體，具有認知、調節運動、情感和學習等各種功能。

大腦因中央前後縱貫的深溝「腦縱裂」分成左右半球。腦縱裂的底部，有個由大量神經纖維束聯絡左右大腦半球的部位，稱作胼胝體。

而大腦外側的皮質（新皮質）當中，各個區域都有各自的功能。

大腦的這些區域，就稱作「額葉」、「顳葉」、「頂葉」、「枕葉」。

大腦的各個區域

人類的額葉與其他動物相比，是最發達的部位，占了大腦皮質整體約三分之一（三〇%）。構成額葉的區域有額葉聯合區、額葉眼動區、運動聯合區、運動區、布若卡氏區。

其中的額葉聯合區是綜合中樞，會根據各個聯合區和語言中樞等其他中樞部位傳來的資訊，進行判斷和執行。

我們獲得新的知識和學問、思考事物、為將來訂立計畫等等，在發揮這些高層次的精神功能時，都需要運用額葉聯合區。同時，它在表達喜怒哀樂、意願、情操等功能上也會發揮重大的作用。總之，它是認知力、思考力、注意力和集中力的根源。而且，它也是我們在日常生活的行為上，用來儲存僅在特定時刻使用的短期「工作記憶」的作業記憶領域。

額葉眼動區，是使眼球往旁邊轉動的中樞。

運動聯合區是運動神經的中樞，由這個部位對全身發出運動指令，也就是直接驅動手腳、臉部、嘴巴的部位，就位在運動區。

布若卡氏區是運動性語言中樞，屬於說話、書寫這類輸出性的語言中樞。

反之，聆聽、閱讀這類輸入性語言中樞，則位在顳葉的韋尼克區

頂葉有疼痛等皮膚感覺、肌肉和腱等部位產生的感覺（本體感覺）、味覺的中樞。另外也包含了知覺、認知、判斷相關的聯合區。

前面提到的韋尼克區，也同樣位於這個區域。

顳葉是位於腦部側面、外側溝下方的語言、記憶、聽覺相關的區域。

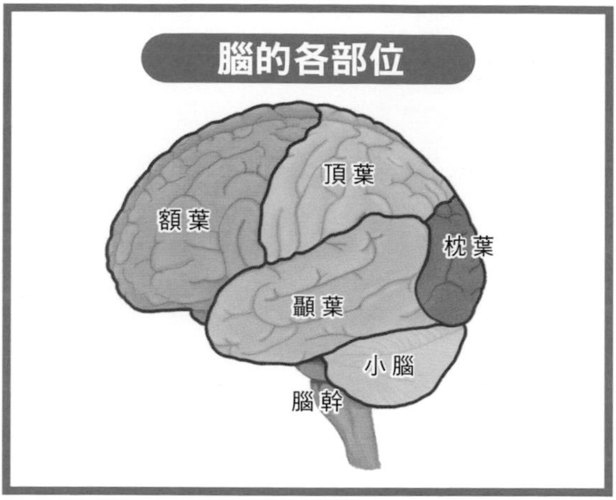

枕葉位於大腦半球的後面，包含視覺中樞。

將大腦新皮質依功能區域劃分的「腦區」

大腦新皮質可以劃分出如前文所述的那些更詳細的功能區域。

這個依功能劃分的概念，可以稱之為「腦區」。

腦部本來就有因應各個功能的「基地」。當我們做出某個行為時，大多數的情況下，都需要多個腦細胞集團共同作用。

所謂的「腦區」，是指腦部因應各項功能的腦細胞集團所在的基地。我們不妨將功能因位置而異的腦部，假想成一張立體的「地圖」，依照功能分配「地址」（區域）來劃分區域，這樣的區分概念就是「腦區」。

腦區是本書的監修者我所發明的概念，不過它的雛型來自距今約二五〇年前的德國醫師弗朗茲・加爾（Franz Joseph Gall）博士，他提出「顱相學」（從顱骨形狀診斷精神狀況和性格的理論）後，開始提倡腦部各個位置都有不同功能的理論。

之後，再追溯到大約一百年前，德國解剖學家布洛德曼（Korbinian Brodmann）博士發現，腦部表面是由好幾個細胞集團所構成，且各自的功能都不同。

這項發現，就成為現在著名的「布羅德曼分區系統」流傳了下來。

腦區就是基於這段歷史和基礎而發明的概念。

	系統	腦區
1	思考系統	9、10、46
2	情緒系統	3、11
3	表達系統	44、45
4	理解系統	21、39、40
5	運動系統	4、6
6	聽覺系統	22、41、42
7	視覺系統	17、18、19
8	記憶系統	20、37、38

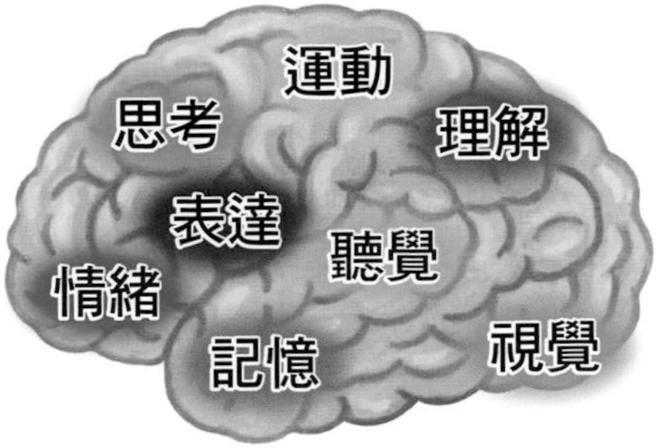

分為八個系統的腦區

腦區可以劃分為八個系統，每個系統都橫跨左右腦。腦區在左右腦各有六十個，全部總共有一二〇個。

一二〇個腦區當中，大多數都位於「大腦」，脊髓、小腦、腦幹也有腦區。這些部分都是用字母區分。

那麼，我就來簡單說明一下各個腦區。

①「思考系統腦區」

與人的思考有密切的關聯。

②「情緒系統腦區」

與喜怒哀樂等情感表現相關。

③「表達系統腦區」

負責透過溝通交流來疏通想法。

④「理解系統腦區」

理解獲取的資訊並用於未來。

⑤「運動系統腦區」

與所有驅動身體的動作有關。

⑥「聽覺系統腦區」

集聚耳朵所聽到的聲音。

⑦「視覺系統腦區」

集聚眼睛所看到的事物。

⑧「記憶系統腦區」

累積資訊，活用這些資訊。

6 間腦的構造和功能

腦的構造

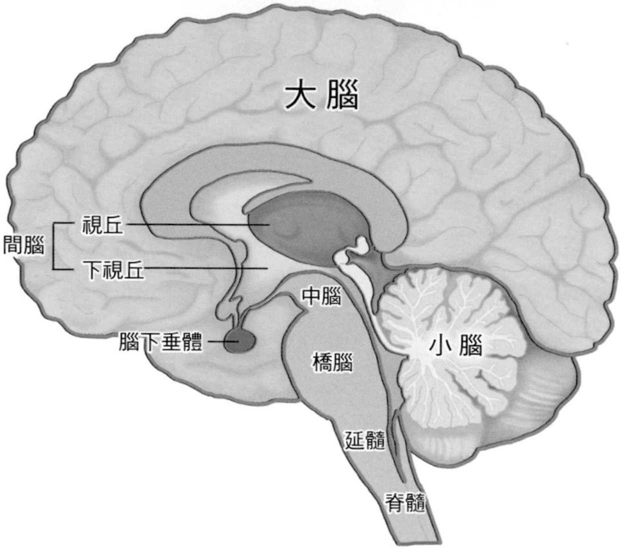

視床下部

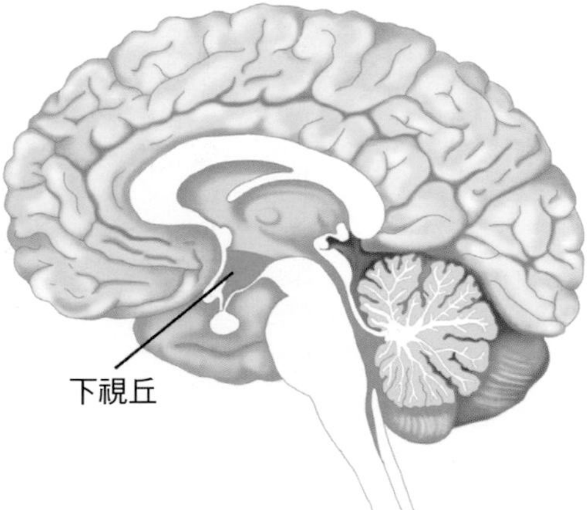

間腦的構造和功能

間腦相當於支撐左右大腦半球的柄，位於左右大腦半球和中腦之間，由第三腦室（呈薄板狀）劃分成左右對稱。它是由許多神經細胞集團（神經核）構成，和左右大腦半球有密切的關係。

間腦的構造可以區分為視丘、上視丘、下視丘和後視丘。

占據大部分間腦的視丘

視丘是占據了大部分間腦的部位，負責轉接嗅覺以外所有感覺器官的神經纖維，傳送到對應的大腦皮質感覺區。除了痛覺的感知和運動功能的調節以外，它也與情緒的作用有關。

此外，視丘擁有很多個核，用於接收感覺以外的資訊傳導、聯絡大腦皮質。

其中的前腹側核和外腹側核，負責接收小腦和大腦基底核傳來的訊息、聯絡大腦皮質的運動區，控制姿勢和運動，具有重要的功能。

以松果體為中心的上視丘

位於視丘後上方中心的松果體，是腦部的中心部位。松果體是一種小型內分泌腺，會合成可促進睡眠的褪黑素。褪黑素的分泌量會因感知到的光線量而改變，在白天會減少，夜間則會增加。

掛著名為腦下垂體的內分泌腺的下視丘

下視丘是位於視丘下方的核群，連在第三腦室的底部和腹側壁。它的重量只有大約四公克，漏斗型凸出（前下端部分）的末梢掛著內分泌腺腦下垂體。

腦下垂體分為前葉、中葉、後葉三個部分。腦下垂體的荷爾蒙分泌狀況，是由自律神經中樞的下視丘調控。

而且，下視丘還包含調節攝食行為的飢餓中樞和飽食中樞，也有調節飲水行為的飲水中樞、調節性行為的性中樞，以及調節體溫的中樞。

由兩個中繼中樞構成的後視丘

後視丘是由外側膝狀體（視覺中繼中樞）和內側膝狀體（經覺中繼中樞）所構成。

外側膝狀體是視丘腹外側的橢圓形隆起，會轉接從視網膜傳來的視覺資訊、傳送到大腦皮質的視覺區。內側膝狀體是外側膝狀體內側的隆起，會轉接從中腦下丘傳來的聽覺資訊、傳送到大腦皮質的聽覺區。

7 腦幹的構造和功能

腦幹的構造

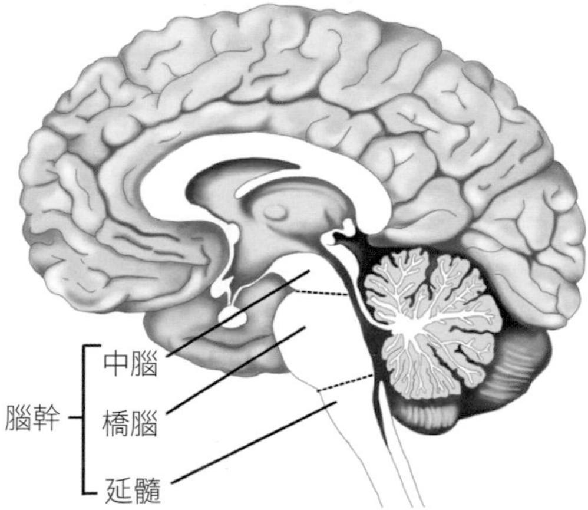

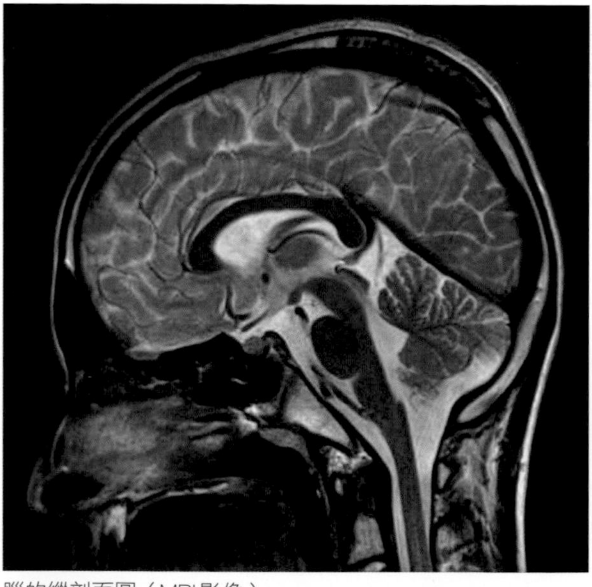

腦的縱剖面圖（MRI影像）

腦幹的構造與功能

前文提到，腦幹是由中腦、橋腦、延髓構成，並延伸出許多腦神經，是自律神經功能的中樞。廣義上也包含間腦。

腦幹是脊髓往上延伸到大腦視丘的感覺神經路線，以及從大腦基底核沿著脊髓往下延伸的運動神經路線，十二對的腦神經當中，有十對會出入腦幹。

作為大腦中繼部位的中腦

中腦位於間腦的內側，具有連接大腦皮質、小腦、脊髓的中繼部位功能。

中腦的主要功能是控制身體的高度運動、眼球運動，以及聽覺的中繼。

負責聯絡小腦的橋腦

橋腦又可稱作腦橋，負責聯絡小腦和大腦、脊髓，可以說是具有連結左右小腦半球的功能。

橋腦的腹側有和運動相關的錐體束通過，而且有第Ⅴ～Ⅷ，也就是與顏面知覺有關的三叉神經、控制使眼球往外側轉的外直肌的外展神經、控制臉部表情肌的顏面神經、傳達平衡感和聽覺的內耳神經等，這些腦神經起始細胞群和複雜的神經傳導路線出入。

負責控制呼吸和心臟的延髓

延髓又稱作髓腦，負責控制呼吸和心臟（循環系統）。

延髓的外表和脊髓一樣有溝槽和條狀隆起，前面的中央有一條名為前正中裂的縱向溝槽，接續脊髓的前正中裂。這條溝槽左右兩邊內側都有隆起，根據外觀的形狀稱為錐體和橄欖體。

在系統發生學上，錐體內部有個哺乳動物特有的結構，那就是控制運動最重要的路徑——控制橫紋肌自主運動的神經纖維束（稱作皮質脊髓路徑或錐體束）。而橄欖體內有橄欖核，與身體平衡和直立前行有關，是負責調節不自主運動的重要神經細胞群。

延髓下半部的背部側有感覺纖維，負責傳導頭部以外全身的皮膚感覺（尤其是觸覺），與來自肌肉和腱的本體感覺。

延髓內的上半部有複雜的神經核配置，不過下半部的構造和脊髓幾乎一模一樣。

在腦神經方面，延髓包含了一部分前庭耳蝸神經內前庭神經相關的前庭神經核、三叉神經脊髓核、舌下神經核、迷走神經背核、疑核、孤束核、下涎核。

8 小腦的構造和功能

負責保持肌肉緊繃、調節肌肉運動

小腦的構造

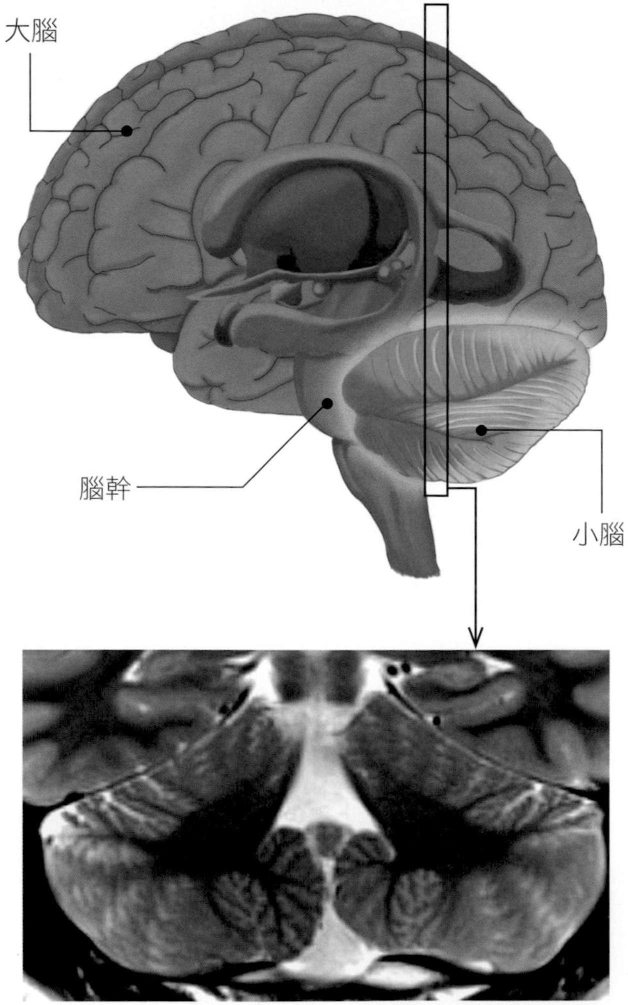

小腦冠狀剖面（MRI影像）

小腦的構造

小腦位於大腦的下方、腦幹的背後。

人類的小腦重量為大腦的十分之一、約有一三〇～一五〇公克。

小腦左右膨起的部分是小腦半球，中間的細小部分是蚓部。

小腦的中心部分是有很多神經纖維的髓質，其中靠近第四腦室、有四種神經細胞的集合部位，也就是小腦深部核團，則分布於左右小腦半球。這些核團會延伸出通往中腦、間腦的神經纖維。

小腦的表面和皺褶

小腦的表面（小腦皮質）上，有很多條幾乎平行的溝槽，溝槽兩旁的隆起（即腦部皺褶）稱作小腦迴。這些溝槽（小腦溝）遠比大腦的要細很多。

小腦皮質是厚度約一公釐的灰白質，上面排列著神經細胞，小腦皮質藉由製造皺褶（小腦迴）來擴大表面積。順便一提，這些皺褶攤平後的面積，約相當於大腦皮質的七五％。小腦皮質包含了三層神經細胞層。

小腦的功能與作用

在功能方面，小腦負責保持肌肉緊繃、調節肌肉運動。這項功能是接收了內耳傳來的平衡感，或是接收全身的肌肉、腱、關節各部位的感覺受體傳來的刺激，才會發揮作用。

更具體來說，小腦的功能可以分為三個部位。

最原始的小腦小葉，是保持身體平衡的部位，控制頭部的位置和眼球。前葉（位於左右小腦半球之間的蚓部及連接該處的左右部位）會接收中腦傳來的視覺資訊，和脊髓傳來的手腳感覺與位置資訊，調整肌肉的緊繃程度。

最後的後葉，則是根據大腦皮質運動區透過橋腦傳來的資訊，控制運動的流暢度。大腦最發達的人類，這個部位也非常發達。

三對小腦腳

小腦下面連接著由上、中、下三對小腦腳構成的腦幹。上中下三對小腦腳的用途各不相同。上小腦腳是從小腦到中腦、間腦的主要傳導路徑。中小腦腳負責聯絡小腦和橋腦。人類及其他高等哺乳類動物的橋腦都很發達，所以中小腦腳也都很粗，外觀十分明顯。

下小腦腳是來自脊髓、延髓的傳導路徑。

9 腦的成長

大腦的成長

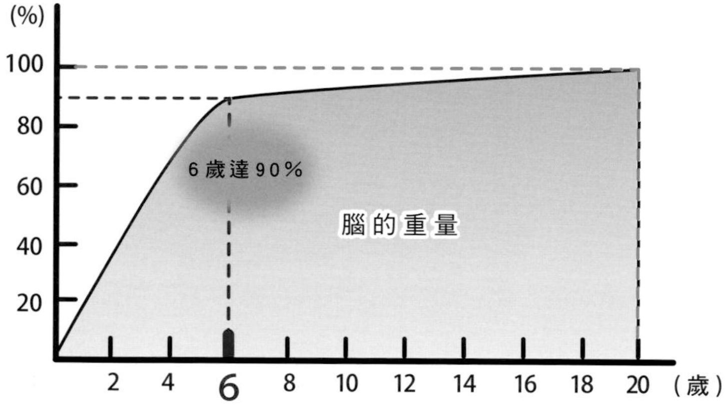
(%)
100
80
60
40
20
2
4
6
8
10
12
14
16
18
20
（歲）
6歲達90%
腦的重量

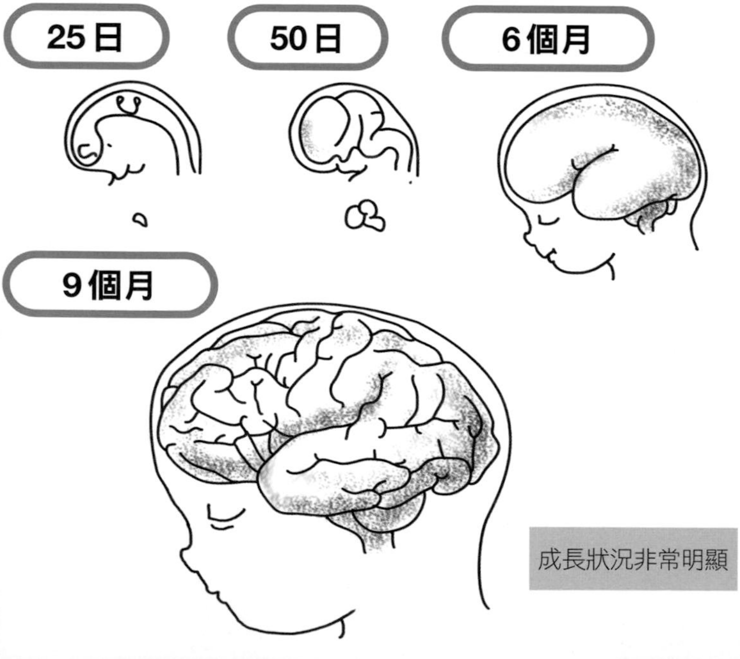
25日
50日
6個月
9個月
成長狀況非常明顯

腦部會隨著年齡增長而衰退嗎？

人類的腦部重量會隨著年齡而異，新生兒大約是四百公克，成人則大約是一・二～一・六公斤。

腦部成長到了六歲時，就會達到相當於成人約九成的重量。

大多數人都以為，腦部會隨著年齡增長而衰退。

其中的一個根據，就是「大腦的神經細胞在出生以後就不會再增加，而是逐漸減少」。不過，這只是對腦部的片面看法。

不論年齡增長多少，只要持續刺激腦細胞，腦部就會成長下去。但是，並不是整個腦部都會同時成長，而是腦經過多次反覆的刺激，受刺激的特定區域就會不斷成長。

舉例來說，如果是處在經常講求思考和判斷力的立場和環境，「思考系統腦區」就會成長；如果活動身體的機會變多，「運動系統腦區」就會成長；如果當眾說話的機會增加，「表達系統腦區」就會成長，就像這樣，腦中的各個功能區域會逐漸成長。

大腦的成長與外來的物理性刺激無關，重要的是內側的增大和伸展。

只要想像一下我們的腦中有一棵生長的樹，就能夠理解了（36頁圖）。

大腦的成長

大腦的成長，是指每一個神經細胞發達、變大，使得各個腦區逐漸膨脹豐滿起來。

那麼，各個腦區是怎麼成長的呢？

如右圖（大腦的成長），尚未成熟的神經細胞會慢慢變大，神經纖維會逐漸伸展。實際上，大腦的腦區基本構造，就是由神經細胞的集合體「皮質」和神經纖維的集合體「白質」組成。有些腦區是由一塊皮質和白質構成，有些腦區則是由好幾塊構成。

無論如何，神經細胞在某些刺激下成長、神經纖維伸展後，白質部分就會愈來愈粗，腦部會以扇形擴展下去。在此同時，皮質部分的表面積也會變大，所以腦區才會逐漸脹大。

腦部大約有一二〇個腦區，樹突會隨著腦部的發達而不斷分岔，所以將樹突的數量、粗細、生長程度等各個條件綜合在一起，數量就會多達數百萬、數千萬，甚至是數億之多。

如果根據這個事實來推論，全球總人

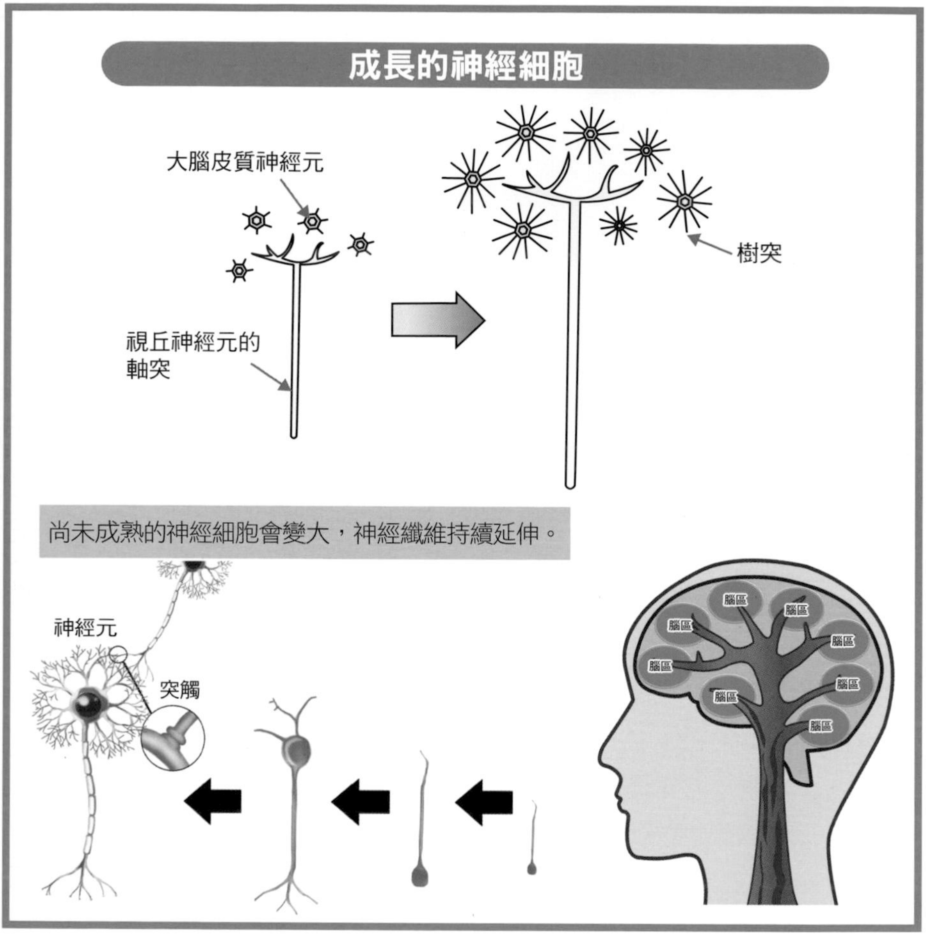

口有七十八億人、有七十八億顆腦袋，那麼樹突也會有七十八億種。

腦部成長
需要充實腦內網路

根據目前的研究結果，腦的樹突會因為環境、經驗和學習，使各個腦區的生長程度都不盡相同。

尚未成熟的腦區會因為這些刺激而成長，好不容易才能作為獨當一面的功能單位來活動。所以，腦細胞形成的腦內網路愈密集，樹突就會長得愈粗。可以說腦的樹突是連結各個腦區必備的資訊通訊網。

每個腦區都有尚未成熟的神經細胞。實際上，大腦的每個腦區，都有各種生長階段的神經細胞混雜在一起，這些神經細胞都在等待能幫助自己成長的合適

「資訊」到來。像這種尚未成熟的神經細胞，我就稱作「潛能細胞」。擁有較多潛能細胞的腦區，當然就是樹突發展較弱的腦區。

有很多潛能細胞（尚未成熟的神經細胞）的腦區

腦部樹突較弱、不發達的腦區

成人以後依然會出現幼稚的情緒和行為

潛能細胞一旦活化以後…

腦內網路變得密集，發現新的才能

與實際年齡無關，與樹突發展較弱的腦區相對應的思考和行為，都會透露出不成熟、幼稚的一面吧？例如有些人即使已經成年，但情緒系統腦區的成長仍尚未成熟，於是依然會表現出幼稚的情緒和行為。

但是，當潛能細胞開始頻繁活動、逐步成長後，不論實際年齡有多少，這個腦區都會具備成熟的能力。

由此可見，我們只要能夠喚醒自己腦內的潛能細胞、使其成長的話，腦內網路也會更加密集，發掘出連自己也沒有察覺的才能。

腦部成長必備的要素

如前文所述，腦部會根據所處的環境和本人的努力、經驗，使特定區域逐漸成長。因此，這裡就要來介紹「刺激腦區的三個重點」。

第一個重點，是「反思日常的習慣」。重新評估自己平常在不知不覺中養成的「習慣」，注意過去並沒有特別意識到、無意間一直在做的行為，「搖晃」一下腦袋是很重要的事。

比方說，如果是商務人士這些平常會長時間重複相同作業程序的人，別只是漫不經心地完成這些業務，而是除了生活習慣以外，連工作的方式也要加點巧思，才能刺激尚未使用到的腦區。

第二個重點是了解腦部的「習性」。就如同每個人都會有行為表現、行動模式方面的習性，腦部本身其實也有腦的「習性」。

腦的習性又可分成大眾共通的習性，以及個人固有的習性。

舉例來說，萬人共通的習性有四個，分別如下。

■被人誇獎就會開心：獲得稱讚可以促進腦區成長。

■用數字統括會更容易認知：一開始就提出數字，腦部會更容易認識事物的整體。

■設定期限來釐清公事和私事：設定期限，為腦部思考賦予張力起伏。

■透過睡眠來提升表現：睡眠對腦部很重要。即使時間很短，但只要好好睡一覺，腦細胞就會活潑起來、創造出更好的成果。

而個人「固有的習性」，可以透過當事人容易採取的「思考模式」，掌握這個人的習性或是個性。

舉例來說，「喜歡閱讀、討厭外出走路」的人，走路的運動迴路和對應外界刺激的迴路尚未發達，所以只會在不得已的時候外出、過著繭居的生活。這也是那個人特有的「習性」。

第三個重點，是思考時要採取「想要思考」主動態度。

對腦部來說，「想做的事」和「該做的事」，之間的成長幅度有不小的差距。

如果總是必須以「該做的事」優先，結果往往就會陷入「被迫去做」的感覺。如此一來，腦部就會完全處於被動反應，原本可以培育的腦區就會變得毫無長進。所以，要培育這個腦區時，最重要的是將「被迫思考」轉換成「想要思考」。

只要鍛鍊頭腦，腦區會一輩子持續成長

觀察並了解腦區的狀況，就能依照哪個腦區較為發達，來判斷一個人的專長能力。而從生長狀況遲緩的腦區，也能看出那個人不擅長的領域。

即使現在有擅長和不擅長的領域，這些發達和遲緩的腦區也會在日常生活中逐漸變化。

例如，現役運動選手發達的腦區，可能是運動系統腦區；但是當他退休成為評論員後，運動的機會減少了、說話的機會增加了，所以表達系統腦區會變得比運動系統腦區更發達。

就像這樣，腦區會因為當時那個人所處的環境，而一輩子持續成長。

第2章

腦部與五感的構造篇

～額葉、頂葉、顳葉、枕葉的作用～

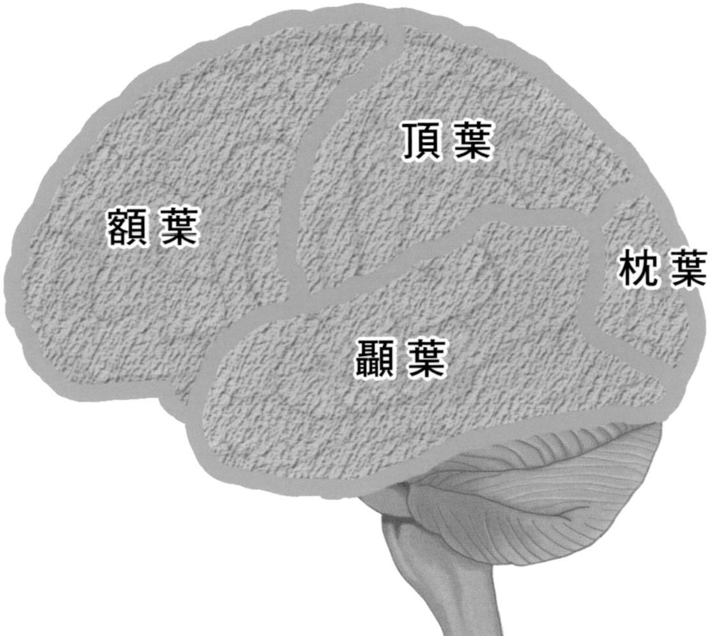

1 腦部與感覺系統的構造

～為什麼觸摸會有感覺、看得見物體、聽得見聲音呢？～

潘菲爾德圖

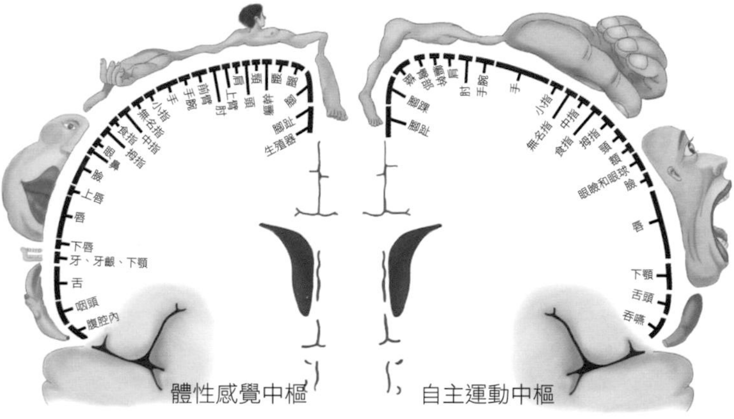

出處：《脳・神経疾患》（學習研究者股分有限公司 發行）

皮質小人

皮質與身體的表面積無關，對應臉和手的面積較大。

我們人類可以透過五感的視覺、聽覺、體性感覺、味覺、嗅覺，來感知到手腳觸摸的物體、眼睛所見的物體、耳朵聽見的聲音。

這些都是感覺器官接收外界刺激後，傳送到大腦的視覺皮質、聽覺皮質、體覺皮質、味覺皮質、原嗅皮質等部位，大腦再將這些刺激當作五感來認知。

這些腦部的特定部位稱作感覺皮質。

體覺皮質

體性感覺分為從皮膚獲取資訊的皮膚感覺，和從關節與肌肉獲取資訊的本體感覺這兩種。皮膚感覺負責將觸覺、痛覺、壓覺、溫度感覺傳到腦部，本體感覺負責將位置感覺、運動感覺等身體表面和內部生成的資訊傳到腦部。

而接收這些資訊的，就是體覺皮質。

潘菲爾德圖

右圖是加拿大腦外科醫師懷爾德・潘菲爾德（Wilder Penfield），在二十世紀中葉解剖腦部、通電刺激後，驗證的腦部位與身體部位的對應關係圖，稱作潘菲爾德圖。大腦中央溝（額葉和頂葉的分界）劃分了運動皮質和體覺皮質，右半身的資訊由左腦處理，左半身的資訊則由右腦處理。

皮質小人

皮質小人就是根據這張潘菲爾德圖，對應手和臉的大小所畫出來的示意圖。

皮質與身體的表面積無關，對應臉和手的面積較大。

腦的重量

腦部全體的平均重量為一一五〇公克，其中大腦占了約八百公克、小腦約一三〇公克，腦幹約二二〇公克。小腦位於大腦下方，重量遠比大腦要少很多，但如前文所述，它的表面積其實占了整個腦部的約七五%，因為它的皺褶比大腦皮質更細。小腦會與大腦合作，負責調節出流暢的動作。

腦幹的重量也有大腦的二五%左右，有連結脊髓、維持生命的重要功能。

大腦的表面皮質有很深的溝槽。很多人都說「皺褶愈多，頭腦愈聰明」，如果腦部十分發達，溝槽當然會變深。而且腦部不論到了幾歲，依然可以繼續「培育」。

半規管和前庭

半規管

三個半圓形的管子呈環狀的器官，負責認知身體動作的前後左右和橫向旋轉。

前庭

球囊負責認識垂直的動作，橢圓囊負責認識水平方向的傾斜。

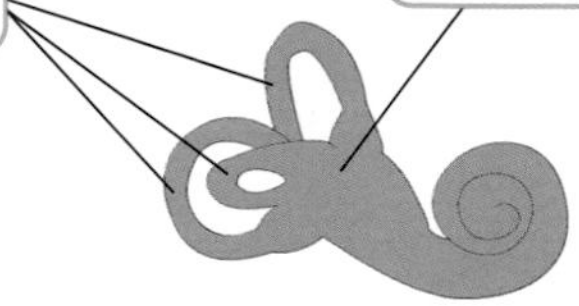

平衡感的認識

做旋轉動作時

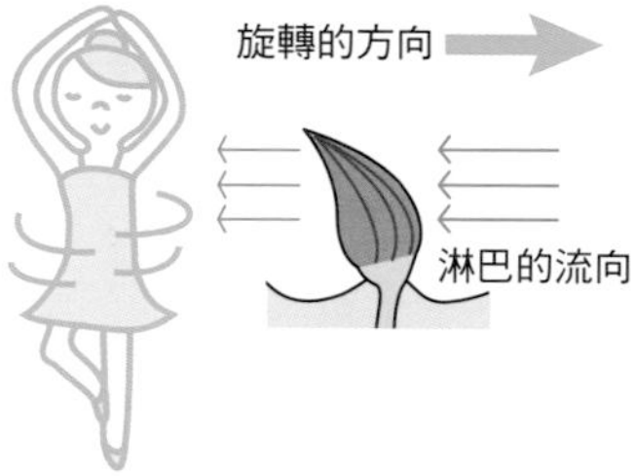

做旋轉動作時，淋巴液朝反方向流動的刺激會傳到腦部。

頭部橫向傾斜時

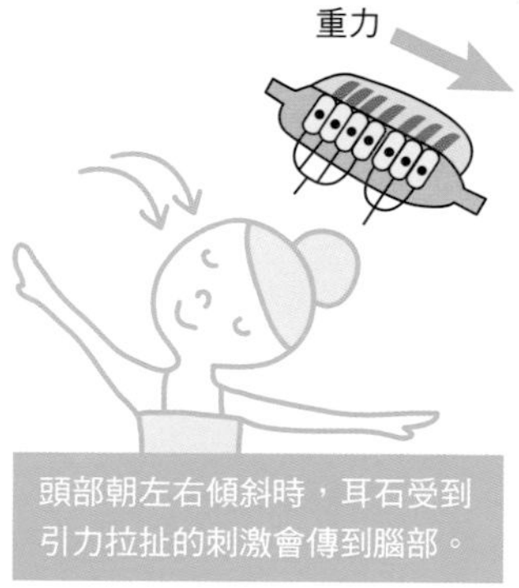

頭部朝左右傾斜時，耳石受到引力拉扯的刺激會傳到腦部。

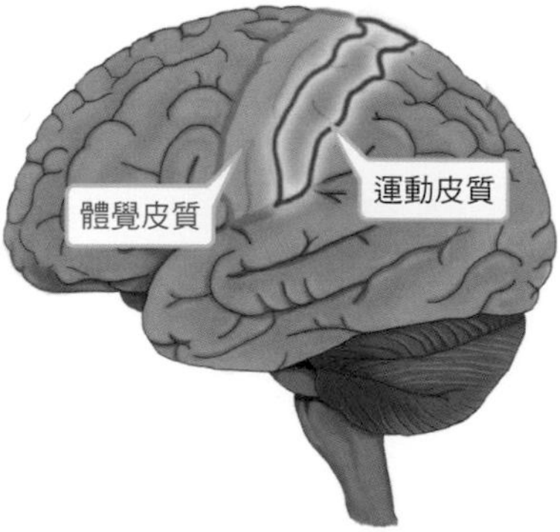

半規管的功能

耳朵深處的內耳有半規管和前庭，負責掌控身體對重力的平衡、保持姿勢的平衡感。半規管是由三個半圓形的管子組合成環狀，與內耳的前庭相連。

三條半規管各自以九十度角錯開，形成為一組，分別對應前後、左右、上下的三維旋轉動作。當身體一旋轉，填滿管內的淋巴液就會配合身體的方向而移動，藉此感知身體旋轉的速度和角度，以及前後旋轉、左右旋轉、橫向旋轉等三維資訊。

前庭的功能

前庭是感知身體傾斜的器官。這裡有可以感知水平方向傾斜的橢圓囊，以及可以感知垂直方向動作的球囊，兩者都是袋狀器官。

半規管的根部有耳石器官，毛細胞的上方有碳酸鈣結晶形成的耳石（平衡石）。耳石會因重力而移動，藉此感知身體的傾斜角度。

前庭神經的作用和體性感覺皮質、小腦的分工

傳達平衡感的前庭神經，是從內耳的前庭延伸到橋腦的前庭神經核。

內耳的感覺系統內感知到的資訊，會透過前庭神經，傳送到大腦的體覺皮質和小腦。體覺皮質會根據這份資訊來認識平衡感，小腦內則是會在無意識中下達做出穩定的姿勢和體位、控制眼球位置的指令。例如酒醉的人之所以步伐不穩，其中一個原因就是喝酒會使小腦的功能下降，無法進行充分的動作校正。

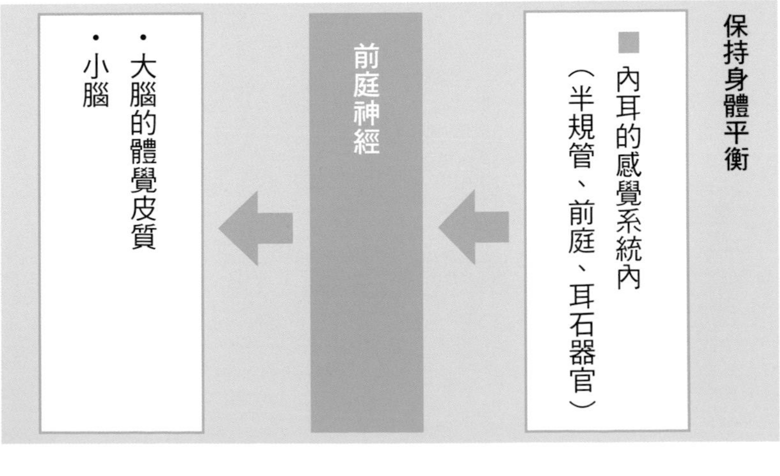

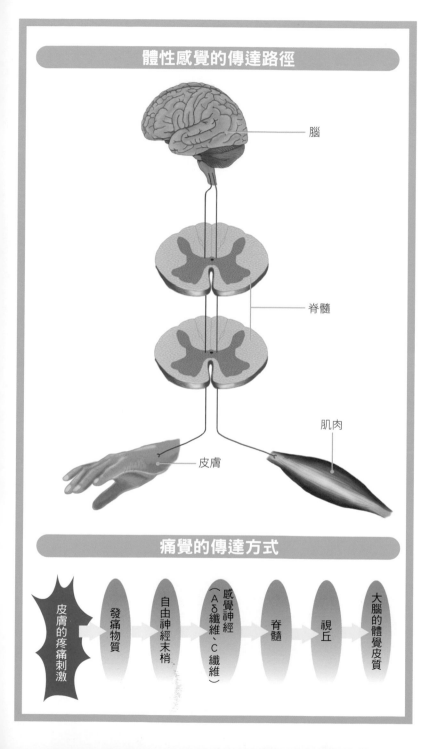

體性感覺的傳達路徑

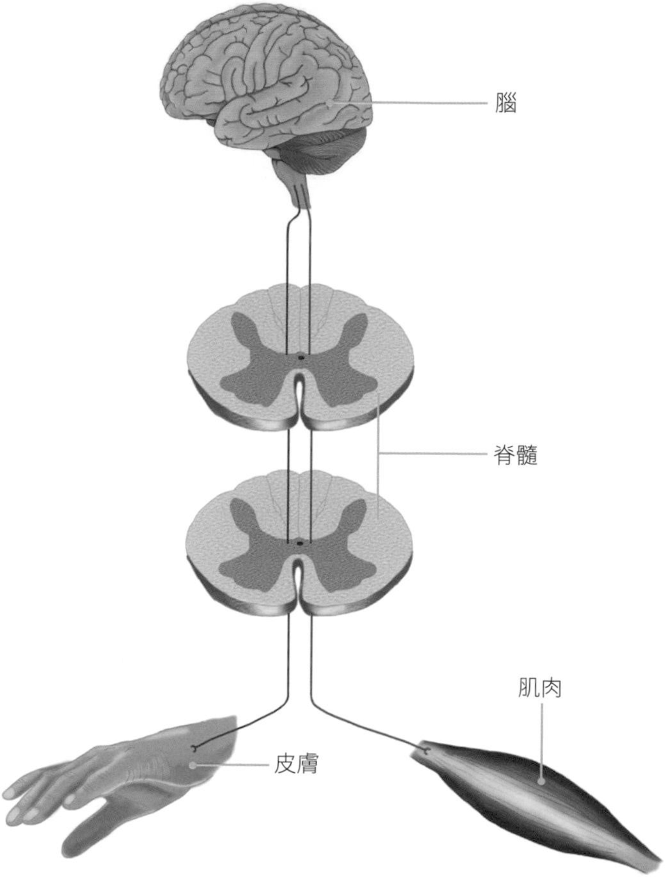

痛覺的傳達方式

皮膚的疼痛刺激 → 發痛物質 → 自由神經末梢 → 感覺神經（Aδ纖維、C纖維） → 脊髓 → 視丘 → 大腦的體覺皮質

體性感覺的種類

身體感知的感覺稱作體性感覺，又可分為皮膚感覺和本體感覺。皮膚感覺是指皮膚、黏膜發生的痛覺（疼痛）、溫覺（冷熱）、觸覺（觸摸物體）、壓覺（被按壓的感覺）等感覺。本體感覺是指屬於運動感覺的手腳動作、位置感覺，還有與皮膚深層的關節、肌肉、內臟等身體深處的疼痛（本體痛）。這些都會從身體各個部位透過視丘傳遞到額葉的體覺皮質。

皮膚感覺	壓覺	透過帕西尼氏小體、邁斯納小體感知
	溫覺	透過魯菲尼式小體、自由神經末梢感知
	冷覺	透過克勞澤終球、自由神經末梢感知
	觸覺	透過帕西尼氏小體、邁斯納小體感知
	痛覺	透過自由神經末梢感知
本體感覺	運動感覺	感覺關節和手腳的動作
	本體痛	感覺肌肉、腱、關節、骨膜的疼痛

引自《図解雑学 よくわかる脳のしくみ》（福永篤志監修，ナツメ社）

體性感覺的傳導路徑

體性感覺傳遞到腦部體覺皮質的路徑有兩條。

一條是脊髓視丘束，這是傳達痛覺和溫度感覺的神經路線，在人類進化的早期階段就具備，所以又稱作原始感覺系統。這條路徑會將體內平衡混亂的危機，以及生存相關的資訊傳遞到大腦。

另一條是脊髓後索，這是傳達肌肉和腱動作的運動覺、觸覺的神經路線。它具有傳達對象物體的形狀、觸感等細膩觸覺和壓覺的環境識別作用，所以又稱作識別感覺系統。

痛覺的傳導方式

當皮膚一受傷，破損的細胞就會分泌出發痛物質，刺激感知疼痛的感覺系統——自由神經末梢，經由脊髓到視丘、傳送到體覺皮質，腦部就會認識到疼痛。

這時，皮膚感覺到的疼痛有兩個階段，首先會發生尖銳的刺痛，接著才會發生一陣陣的抽痛和熱痛。這是因為痛覺資訊是透過兩種不同傳導速度的神經傳遞的緣故。一開始快速傳導刺痛的神經纖維稱作Aδ纖維，傳導速度為每秒一二～三〇公尺。慢速傳導抽痛的神經纖維稱作C纖維，傳導速度為每秒〇・五～二・〇公尺。

眼球的構造與觀看的原理

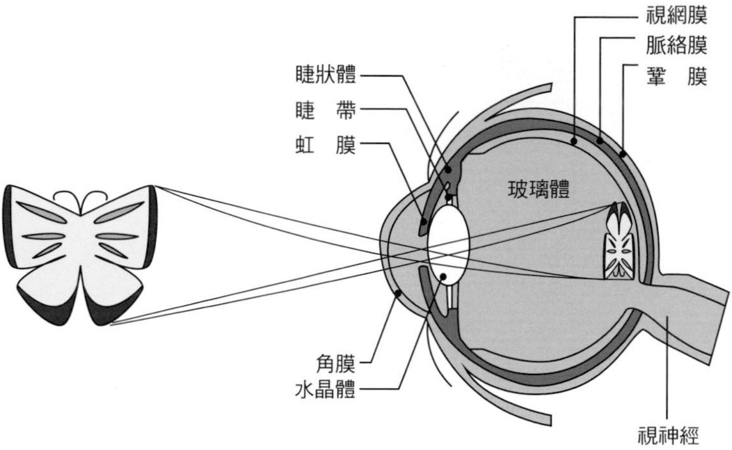

仔細觀察眼球和照相機的結構
會發現兩者非常相似

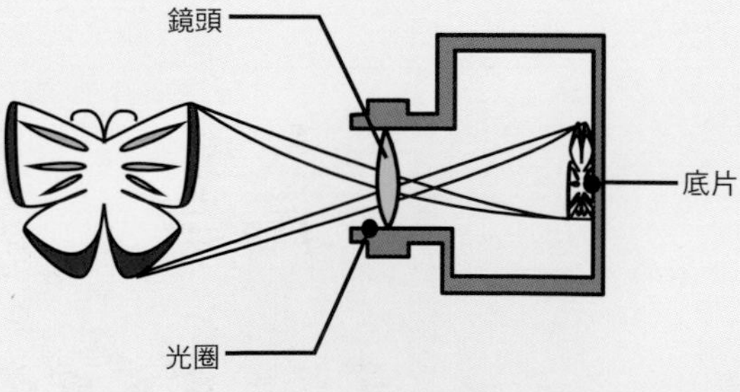

看見物體的原理

「看」這個感覺，是光線照在物體上反射的光線投影在眼底的視網膜，透過視桿細胞和視錐細胞這兩個視覺細胞轉換成電氣訊號，通過一二〇萬根神經纖維集合而成的視神經，傳達到大腦後才成立。

透過這個方式傳達的資訊，會在大腦枕葉的視覺皮質和視覺聯合區處理，認識物體的顏色、形狀、大小。

視覺是最發達的感覺，人類接收的資訊有八〇%來自眼睛所看見的事物。

腦內的視覺處理

視覺神經傳遞到視覺皮質的視覺資訊，顏色、形狀、動作等資訊都是個別處理後，再傳送到視覺聯合區。

視覺皮質是處理視覺資訊的部位，分布於枕葉。視覺神經傳送的電氣訊號資訊會先抵達一次視覺皮質，區分顏色、形狀、動作等元素後，再各別傳送到各個資訊處理的部位。

腦的錯覺

但是，有時候腦部會根據取得的線索來類推原貌，將事物認知成不同於原本的風貌；明明只有豎劃的直線卻看起來像波浪線，水平橫線看起來像斜線，看見本應不存在的東西。這種現象就稱作視錯覺，是腦部試圖彌補認知的功能所造成。

我們會用「盲點」來指稱漏看的事物，視覺神經在貫穿眼球壁的地方並沒有視網膜（視覺系胞），所以才會產生視野缺損（盲點）。

咖啡廳牆錯覺
水平線看起來有傾斜的感覺

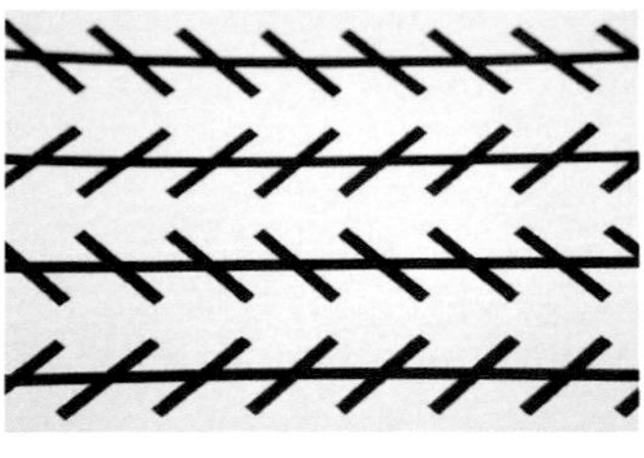

左氏錯覺
長線條全部都是平行，但是卻因為畫上了短斜線，導致看起來比實際上要傾斜許多

我們在平常的生活中不會意識到這個盲點，其中一個原因就和視錯覺一樣，腦會自動幫看不見的部分補充資訊。

聽見聲音的原理

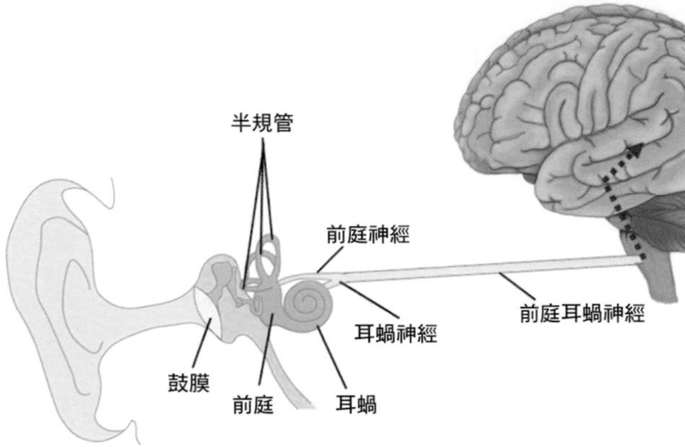

【發聲位置的線索】

聲音傳到兩耳的
・時間差・強度差・位相差

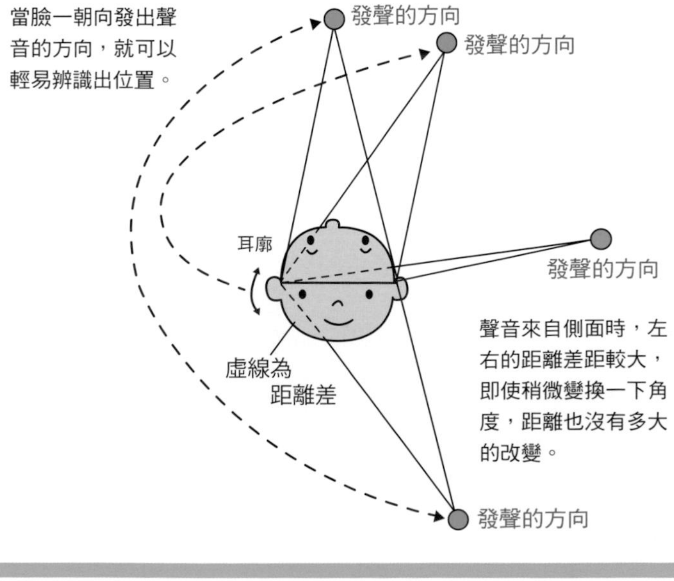

聽見聲音的原理

我們耳朵聽見的聲音，是空氣震動所產生的聲波，透過耳中的器官傳遞至大腦，腦部才會將這股震動認知為聲音。

而物體發出的聲音，在空氣中便是以震動的方式傳遞，產生聲波。這股聲波會在人類的耳廓，也就是俗稱的「耳朵」集聚，通過外耳道傳遞到鼓膜和深處的三個聽小骨，經過增幅後，再傳遞至內耳的耳蝸。

耳蝸是像蝸牛殼一樣呈現漩渦狀的器官，由於形狀近似蝸牛，才因此得名為耳蝸。耳蝸的內部由一層基底膜分隔，裡面充滿內淋巴液，液體內會將空氣震動轉換成液體震動的形式，透過柯蒂氏器的毛細胞轉換成電氣訊號，成為聽覺傳送到大腦。

聽覺傳送到腦部的過程

進入耳內的聲音在耳蝸轉換成電氣訊號以後，就會送到延髓的耳蝸神經核。之後再從耳蝸神經核經過橋腦～中腦的神經核，從視丘內側的膝狀體透過多個神經細胞傳遞到聽覺皮質。

為什麼人有兩個耳朵？

人類之所以有兩個耳朵，除了是為仔細聆聽聲音以外，也是為了辨識聲音的來源。鎖定水平方向的聲音位置時，需要依據音源傳到左右耳的時間差、聲音強度在兩耳間的程度差距作為處理的線索，來判斷發出聲音的位置。即使有多個音源，只要訊號的時差在三〇毫秒以內，就會預設為單一音源。鎖定垂直方向的聲音位置時，線索來自會因頭部和耳廓形狀而變化的聲音，所以人類的耳朵不善於鎖定垂直方向的聲音位置。

聽覺與視覺的關係

在戲院觀看的電影影像中，即使銀幕映出人物開口的影像，由獨立的音響播出聲音，但看起來依然像是投影在我們眼底的人物正在說話。我們在這種空間位置不一致的狀況下，之所以會覺得是從影像的方向聽見聲音，是因為視覺資訊比聽覺更優越而產生的效果。這就稱作腹語術效果，是利用了操偶師控制腹語人偶的動作，自己不用張嘴，就能做出人偶似乎正在說話的技巧。

嗅覺的原理

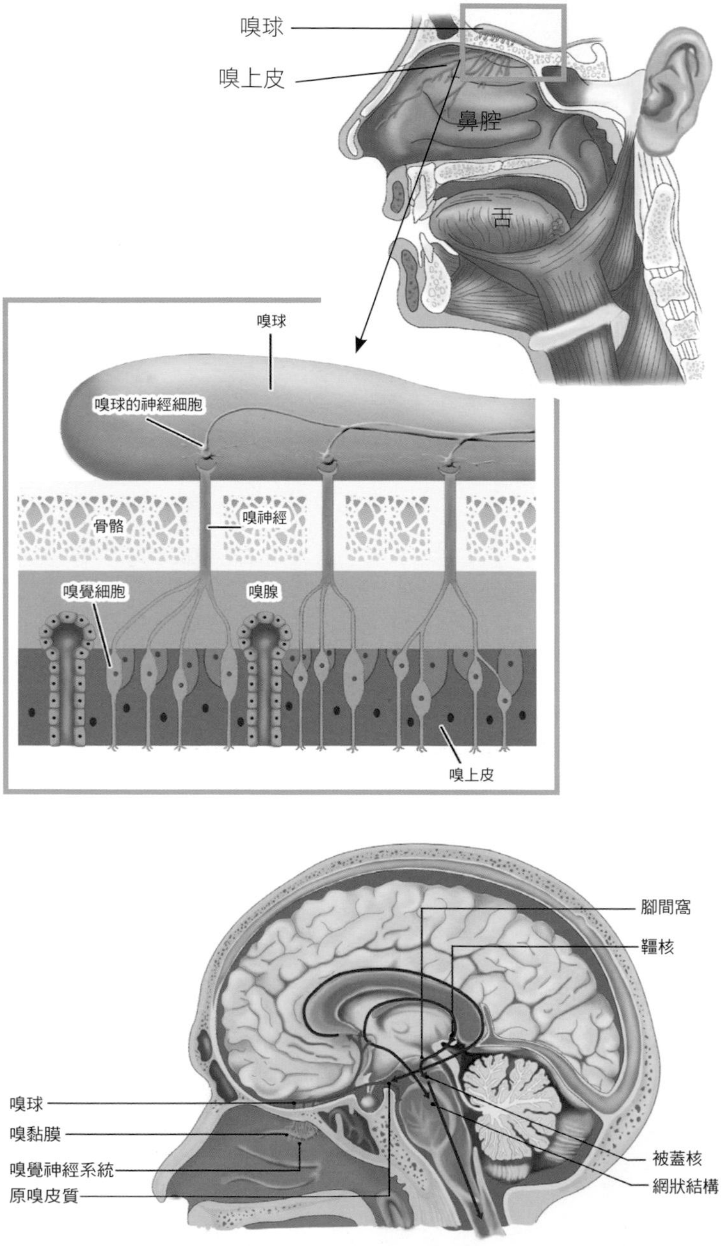
嗅球
嗅上皮
鼻腔
舌
嗅球
嗅球的神經細胞
骨骼
嗅神經
嗅覺細胞
嗅腺
嗅上皮
腳間窩
韁核
嗅球
嗅黏膜
嗅覺神經系統
原嗅皮質
被蓋核
網狀結構

聞到氣味的原理

氣味是來自空氣中飄散的化學物質，鼻腔內的嗅覺細胞感知到這個物質，它就變成一種刺激，傳遞到大腦邊緣系統的嗅球。

附帶一提，嗅球內有個像圓球般的神經線球體，這個線球體會分別處理特定的氣味物質。

嗅球的神經細胞會直接將這股刺激傳到大腦的原嗅皮質，大腦才會將之認作嗅覺；同時，資訊又會經過大腦邊緣系統的海馬迴、杏仁核、下視丘組成的另一條路徑，傳送到眶額皮質。

人類的嗅覺細胞，是在大約一張郵票大小的嗅覺黏膜上排列了約兩千~五千萬個，上面有特殊黏液流過，溶解空氣帶來的化學物質。

氣味資訊的生成原理，是嗅覺細胞延伸出的嗅毛感知到資訊後，使嗅覺細胞興奮起來，將之轉換成電氣訊號、傳送到嗅球。多種嗅覺細胞的組合，可以分辨出數千到數萬種氣味。嗅覺細胞的數量有個體差異，這就是為什麼嗅覺會有過敏和遲鈍的差別。

特殊的傳遞路徑

嗅覺以外的感覺，基本上都是經由視丘分別傳遞到腦的各個部位，但嗅覺不必經過視丘，就可以直接傳送到原嗅皮質。為什麼只有嗅覺的傳遞路徑不同，目前還不得而知。除此之外，像是氨、醇、醋、二氧化硫這類刺激的氣味，會使三叉神經興奮，而不是嗅覺神經。

三叉神經是腦神經當中最大的神經，遍布鼻腔黏膜全體。當它一捕捉到刺激性的氣味，就會透過不同於嗅覺神經的路徑傳送到大腦。

氣味的分辨

嗅覺可以分辨的味道是味覺種類的一萬倍，多達數千到數萬種味道。但是，捕捉氣味化學物質的嗅覺細胞只有五百到一千種，所以嗅覺細胞會根據氣味的分子特徵來組合因應。一直聞相同的氣味後會漸漸聞不出來，是因為嗅覺細胞疲勞導致無法辨識氣味，產生習慣了那股氣味的「嗅覺適應」。此外，若是經常嗅聞強烈的氣味，就會對淡薄的氣味失去反應。

因為某些原因而聞不到氣味、喪失嗅覺的狀態，稱作嗅覺障礙。除了聞不到氣味以外，也可能會發生聞到與原本不同的氣味，或是聞起來全部都一樣的狀況。

味覺受體的構造

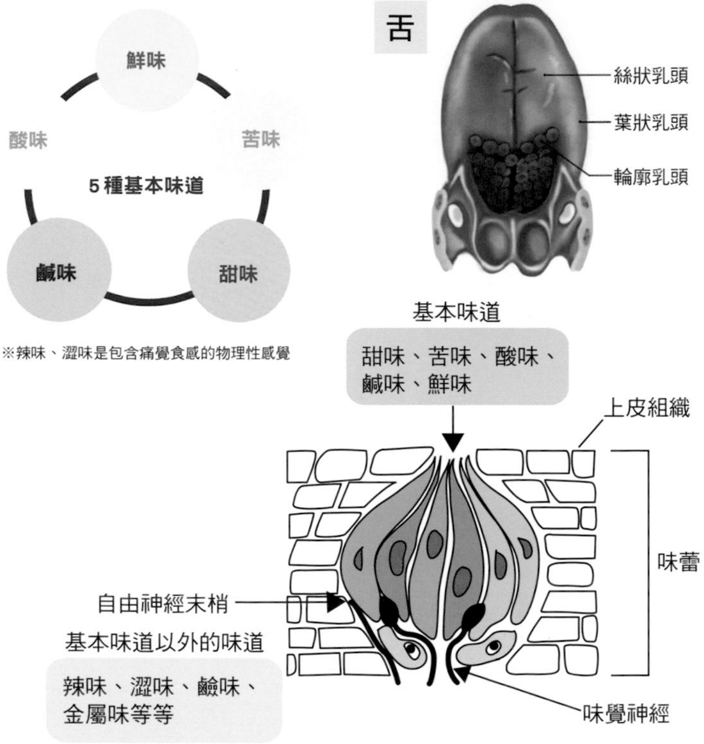

※辣味、澀味是包含痛覺食感的物理性感覺

感覺飢餓和飽腹的原理

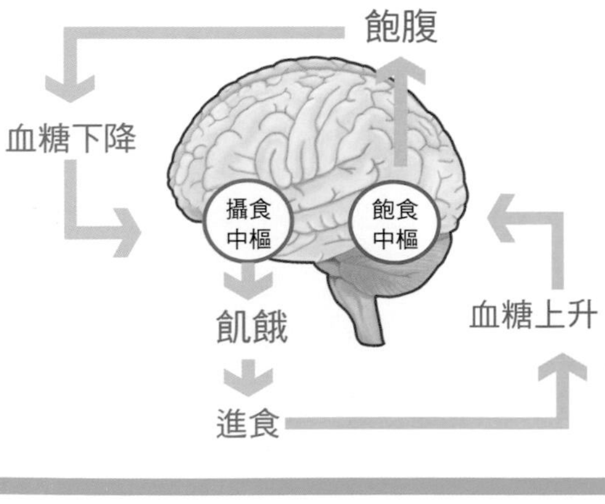

味蕾會感受味道成分

把食物吃進口中後，舌頭表面的味蕾會感受到味道成分。味蕾是一種感覺器官，表面含有許多粗糙凸起的舌乳頭，其他像是軟腭、咽頭部分的上皮，也有約八千個味蕾。

味蕾感覺到的資訊，會透過裡面的味覺細胞轉換成電氣訊號，經由味覺神經、延髓、橋腦、視丘傳送到大腦皮質的味覺皮質，對照過去吃過的食物經驗和記憶，才會將之判斷為味覺。

味蕾會辨識味覺的種類

味蕾的味覺細胞可以分辨甜味、鹹味、酸味、苦味、鮮味這五種滋味，這些就稱作基本味道。

基本味道當中的苦味，是腦部在接收到所有資訊後，可以從中分辨的所需濃度裡最低的味道。這是因為腦部先天就預設了自然界的毒素多為苦味的前提，認為苦味有害，所以才會發展得特別敏銳。同樣的道理，為了避免身體攝取到腐敗的食物而引起不適，味蕾對酸味也十分敏感。

除此之外，辣味是透過口腔內的痛覺感受器來感知，並不屬於味覺。例如辣味的代表食物辣椒，其中所含的辣椒素會造成痛覺、傳達到腦部，於是腦部將之認知為辣味。

食慾和飽足感

掌管食慾的是位於間腦的下視丘。下視丘有兩個負責控制食慾的飲食中樞，一個是位於下視丘外側的「攝食中樞」，具有促進食慾的作用；另一個位於下視丘內側的「飽食中樞」，會傳遞飽足感。這兩個中樞會聯合控制食慾，以維持體重和營養狀態（詳情參照60頁）。

調節食慾的主因在於血糖。葡萄糖是腦部的營養來源，一旦減少就會使攝食中樞產生反應，增加就會使飽食中樞產生反應，血糖的高低可以維持飲食中樞的平衡。

當人吃到美味的食物或是在用餐後，心情之所以會變得幸福滿足，都是因為腦內神經活性物質產生作用。這種腦內物質的代表為β內嗎啡，它是一種腦內快樂物質，不只是會令人陶醉，還會上癮、造成「依賴成癮」。

Column 1

加爾的腦功能側化理論

弗朗茲・約瑟夫・加爾醫師

現在的腦科學和測量儀器十分發達，所以能夠發現各個腦部位的各種功能差異。但是，在還沒有這些儀器的年代，除了透過解剖腦部來研究以外，沒有其他辦法。而且可以解剖的腦並不是活生生的腦，是死後的腦。在這種情形之下，就筆者所知，18 世紀德國的腦部解剖學家弗朗茲・約瑟夫・加爾醫師，是最早談論「腦部形狀」意義的人。

他發現腦部分為神經細胞聚集的「皮質」，和神經纖維聚集的「白質」，且兩者具備不同的功能。皮質是以思考為主，而負責連結皮質、傳送資訊，也就是發揮寬頻作用的則是白質。這項發現，為腦白質賦予了全新的意義。

此外，他還透過許多病例體驗，推斷無法說話的失語症病因在於腦部的特定部位。於是，他提出了各個腦部位具備各種不同精神活動功能的「腦功能側化理論」。

他探索大腦皮質各個部位的作用，將人的精神活動分為 27 類，並將這些功能分類畫在顱骨上。顱骨可以用正確的幾何圖形來劃分。加爾運用了顱相學，作為表現大腦各區塊精神活動差異的手法。

順便一提，顱相學是主張根據顱骨的形狀，可以推論出一個人的性格及其他心理特質的理論。所以他才會引用顱相學，來解釋大腦分擔的功能因人而異。

加爾醫師的理論在當時受到學會的排斥，但是在他去世 33 年後的 1860 年，法國的保羅・布羅卡（Paul Pierre Broca）博士發現頭部受傷的患者左額葉的損傷，與難以說話的症狀之間具有關聯性。這就是所謂的「布羅卡失語症」。在這方面，他支持加爾對語言相關的腦部功能理論。

顱相學在 19 世紀到 20 世紀初蔚為風潮，從歐洲普及到了美國，但是並沒有成果流傳後世。利用骨骼判定性格和個性的顱相學，在科學上終究有研究的極限。

第3章

腦和慾望、記憶的原理

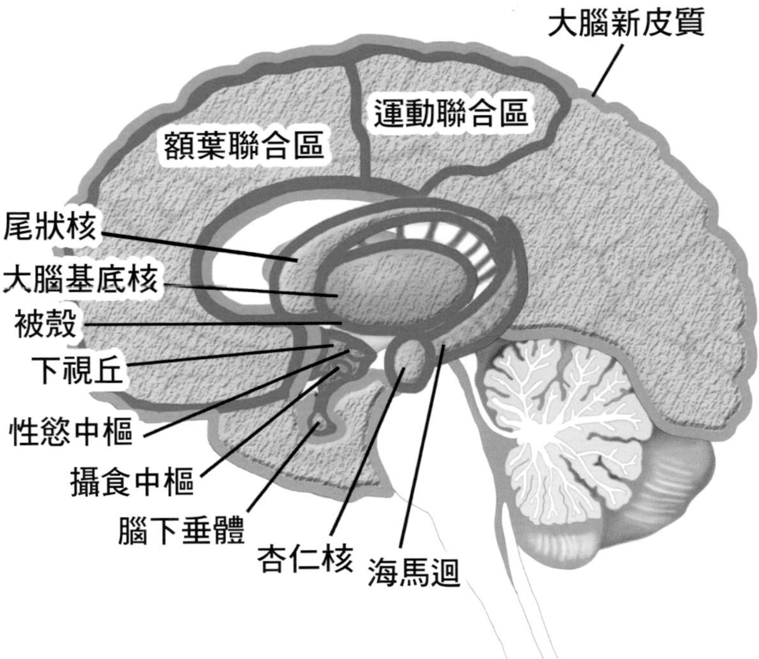

1 慾望的運作原理

無髓鞘神經系統分泌的荷爾蒙

B1~B9 神經

具有控制A神經系統、C神經系統荷爾蒙分泌的作用。

A8～A16 神經

會分泌出幸福和快樂荷爾蒙多巴胺。尤其A10神經是其他動物所沒有、唯有人類獨有的神經，會分泌出最大量的多巴胺。

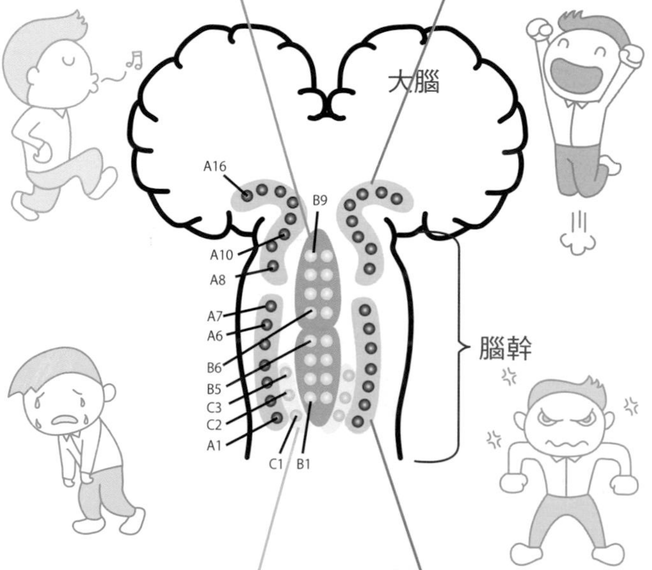

C1~C3 神經

會分泌出恐懼荷爾蒙、由部分正腎上腺素變化而成的腎上腺素。會引發恐懼的情緒。

A1~A7 神經

會分泌出激發憤怒和興奮的正腎上腺素。尤其是A6神經分泌出的正腎上腺素最多，因此它是具備腦內最大興奮作用的神經系統。這裡呈現藍色，所以又稱作藍斑核。

展現喜怒哀樂情緒的原理

人類的喜怒哀樂情緒，也和喜歡、討厭的情感原理相同，與下視丘大腦邊緣系統的杏仁核有密切的關聯，另外也與下部顳葉和神經纖維連結的海馬迴有關，兩者聯絡互通。情緒會受到額葉聯合區的理性控制。而且，腦內荷爾蒙的作用在這裡也非常重要。

控制腦內荷爾蒙分泌的無髓鞘神經系統

如果要詳細說明腦內荷爾蒙，無髓鞘神經系統分為A、B、C三個系列，各自有不同的功能。

A1～A7神經會分泌出激發憤怒和興奮的正腎上腺素。尤其是A6神經分泌出的正腎上腺素最多，因此它是具備腦內最大興奮作用的神經系統。這裡呈現藍色，所以又稱作藍斑核。

A8～A16神經會分泌出幸福和快樂荷爾蒙多巴胺。尤其A10神經是其他動物所沒有、唯有人類獨有的神經，會分泌出最大量的多巴胺。

C系統會分泌出恐懼荷爾蒙、由部分正腎上腺素變化而成的腎上腺素。引發恐懼的情緒。

B系統具有控制A神經系統、C神經系統荷爾蒙分泌的作用。

順便一提，腦內荷爾蒙多巴胺是由一種叫作苯環的化學物質組成的有機化合物。它在哺乳動物體內會發揮神經傳導物質的作用。

A系統和C系統分泌的正腎上腺素和腎上腺素等神經傳導物質，都是多巴胺稍微變形而成的物質。

腦內荷爾蒙的路線

這裡舉一個多巴胺分泌的例子，來說明它的路線。

A9神經、A10神經的起點在中腦，兩個神經系統會在途中分開，A9通往大腦基底核，A10通往額葉聯合區。

具體來說，A9神經分泌的多巴胺，會在途中通過下視丘、抵達大腦基底核，在那裡結合運動功能，製造出快樂的表情和態度。

A10神經分泌的多巴胺，則是在途中傳到下視丘、伏隔核（在這裡與幹勁和快樂結合）、大腦邊緣系統的杏仁核與海馬迴（記憶快感），抵達前扣帶皮層和額葉聯合區。額葉聯合區有許多多巴胺受體，可以孕育出各種知性的快樂。

性慾中樞的作用

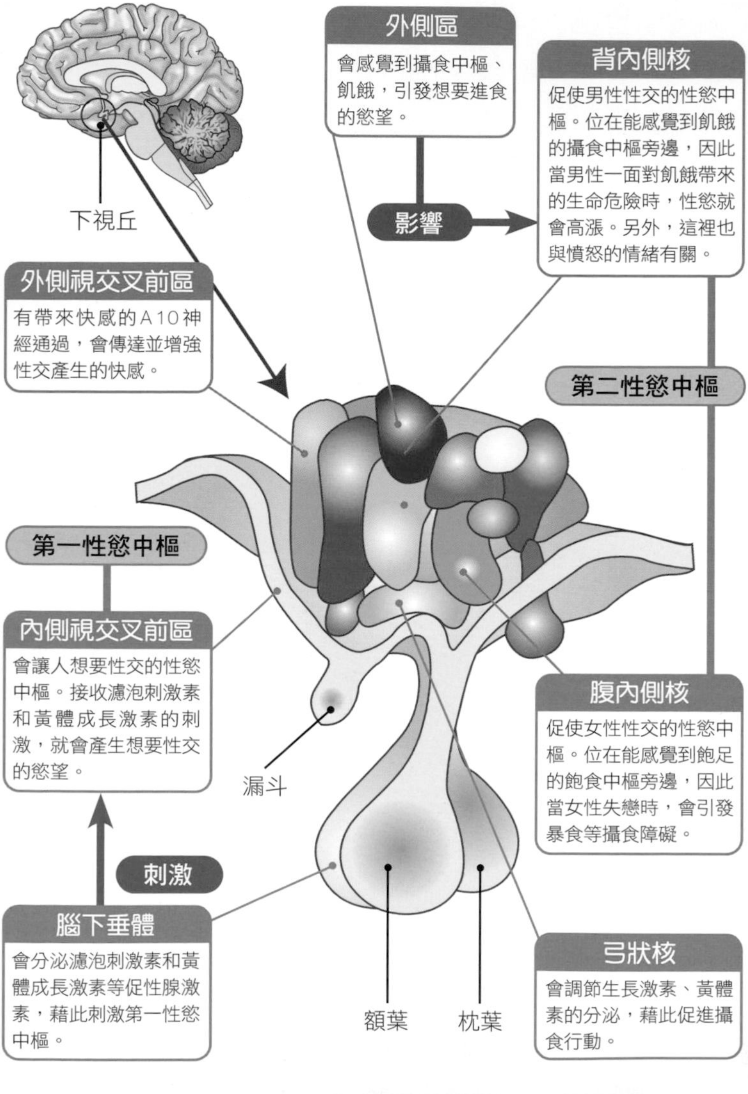
下視丘
外側區
會感覺到攝食中樞、飢餓，引發想要進食的慾望。
影響
背內側核
促使男性性交的性慾中樞。位在能感覺到飢餓的攝食中樞旁邊，因此當男性一面對飢餓帶來的生命危險時，性慾就會高漲。另外，這裡也與憤怒的情緒有關。
外側視交叉前區
有帶來快感的A10神經通過，會傳達並增強性交產生的快感。
第二性慾中樞
第一性慾中樞
內側視交叉前區
會讓人想要性交的性慾中樞。接收濾泡刺激素和黃體成長激素的刺激，就會產生想要性交的慾望。
漏斗
腹內側核
促使女性性交的性慾中樞。位在能感覺到飽足的飽食中樞旁邊，因此當女性失戀時，會引發暴食等攝食障礙。
刺激
腦下垂體
會分泌濾泡刺激素和黃體成長激素等促性腺激素，藉此刺激第一性慾中樞。
額葉
枕葉
弓狀核
會調節生長激素、黃體素的分泌，藉此促進攝食行動。

控制人類性慾的是下視丘的神經核。人在追求生殖行為時，腦內產生作用的部位，不論男女都是在內側視交叉前區，所以這裡屬於第一性慾中樞。

人類沒有動情週期

人不像動物一樣有在容易育兒的季節懷孕、分娩的動情週期，是一整年都會談戀愛的生物。這是因為額葉聯合區的發達會使理性發揮作用，控制動情的時期，結果人才會把性交當成是生殖以外伴隨著愉悅的行為來享受。

性慾中樞

下視丘的神經核，負責控制人類的性慾。當人追求生殖行為時，不論男女，腦內產生作用的部位都是在內側視交叉前區，屬於第一性慾中樞。男性的第一性慾中樞大約是女性的兩倍大，可見男性對性交的慾望比女性更強烈。另一方面，男女進行生殖行為的第二性慾中樞則在不同的位置。男性位於會感覺到飢餓的攝食中樞旁邊，女性則位於會感覺到飽足的飽食中樞。一般而言，飢餓時性慾會高漲、飽足時性慾會下降，食慾和性慾之所以互相影響正是這個緣故。而失戀後沒有食慾或是大吃大喝，都與性慾中樞和食慾中樞的位置有關。

當人喝酒或是吃了自己覺得很美味的一餐後，腦內就會大量分泌出快感物質多巴胺，讓情緒變得高昂。於是，掌管性慾的下視丘也會受到刺激，使性慾活化。如此一來，就能夠理解為什麼男性追求女性時，都會邀請對方吃飯了吧。

- 喝酒或是吃了美味的一餐
- → 大量分泌快感物質多巴胺
- → 情緒高昂
- → 同時刺激掌管性慾的下視丘
- → 性慾活化

外遇的原因

男性比女性更容易外遇。根據美國大學在二〇〇四年以日本田鼠為對象所做的研究，發現一種叫作抗利尿激素的荷爾蒙會產生有趣的作用。

抗利尿激素的作用較活潑的實驗鼠，不論公、母鼠都較容易保持穩定的「配偶」關係；而抗利尿激素的作用若是不活潑，這些老鼠不停換對象交配的傾向就會變強。

而且，為抗利尿激素活動低落的公田鼠施打抗利尿激素後，牠就會開始拒絕其他母田鼠，只會把特定的對象當作「配偶」長時間相處。

到了二〇〇八年，該大學公開發表的這項研究，也同樣適用於人類。

位於掌管食慾的下視丘的外側區

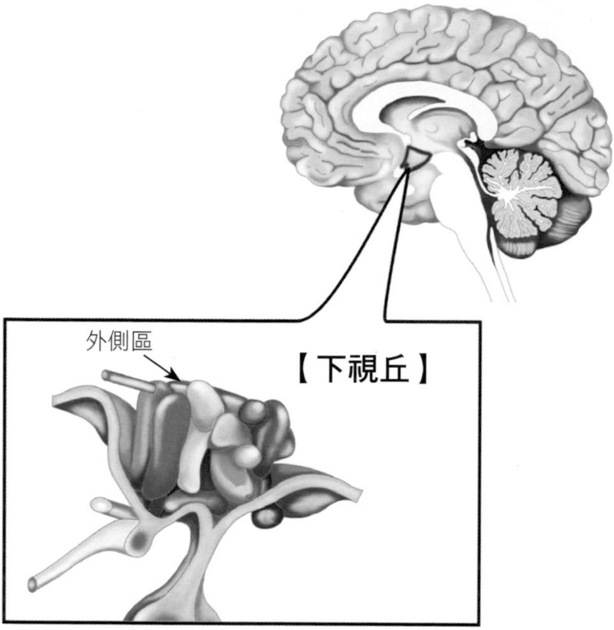
外側區
【下視丘】

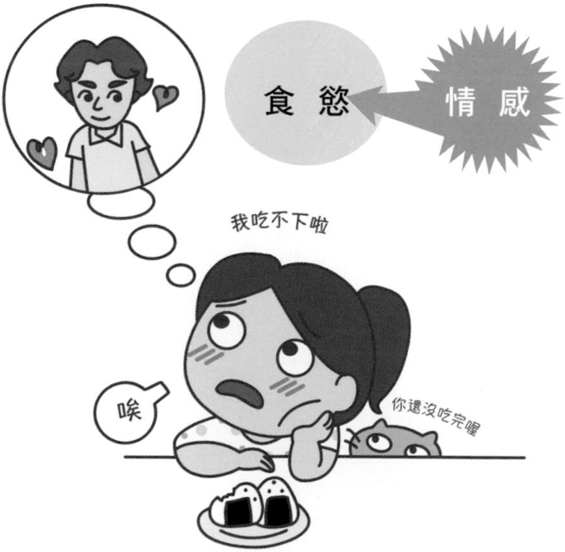
食 慾
情 感
我吃不下啦
唉
你還沒吃完喔

攝食由下視丘的外側區控制

攝食是攝取生命所需的養分，是所有動物共通的行為。儘管攝食行為的目的是如此，但人類的情感卻會影響到食慾。從很久以前大家就常說，相思病會讓人食不下嚥、煩惱和憂愁時食慾會減退。反之，人也可能會因為某些情感變化，而開始暴飲暴食。

腦內負責掌管食慾的部位，主要在於間腦下視丘的外側區。

男性的外側區位於促進生殖行為的第二性慾中樞附近，女性則位於第二性慾中樞和能感覺到飽足的飽食中樞。

調節攝食的原理

攝食相關的中樞，位於下視丘的腹內側核（飽食中樞，或稱滿腹中樞）和外側區（攝食中樞，或稱飢餓中樞）。要抑制攝食，必須透過荷爾蒙作用。具有抑制攝食作用的荷爾蒙是瘦蛋白。

瘦蛋白的生成和分泌，與脂肪細胞有關。脂肪細胞過去被認為是單純的能量儲藏庫，因此這項發現是研究調節攝食原理的重要資訊。

瘦蛋白作為荷爾蒙分泌在血液中，會對腦部，尤其是下視丘產生作用，抑制攝食中樞的同時，也會刺激飽食中樞來控制攝食。

攝食相關的腦部區域

人類的攝食行為，也與腦部其他各個區域有關聯。首先，食慾（飢餓感）的發現，就與大腦邊緣系統的杏仁核（喜好厭惡的情緒）和前額葉皮質（意願的發現）有關。食慾和間腦的視丘、大腦新皮質的味覺皮質、視覺皮質、聽覺皮質有關。其他還有攝食時的咀嚼、吞嚥與下腦幹的運動神經元有關，腸胃的消化則是由延髓延伸出來的迷走神經的作用來調整。

食慾（飢餓感）的發現過程

■大腦邊緣系統的杏仁核（喜好厭惡的情緒）、前額葉皮質（意願的發現）

←

■食慾和間腦的視丘、大腦新皮質的味覺皮質、視覺皮質、聽覺皮質有關

←

■攝食時
- 咀嚼、吞嚥的動作，與下腦幹的運動神經元有關

■攝食時腸胃的消化
- 由迷走神經調整

4 腦幹會分泌出產生快感、幸福、恐懼、憤怒等各種情感的腦內荷爾蒙

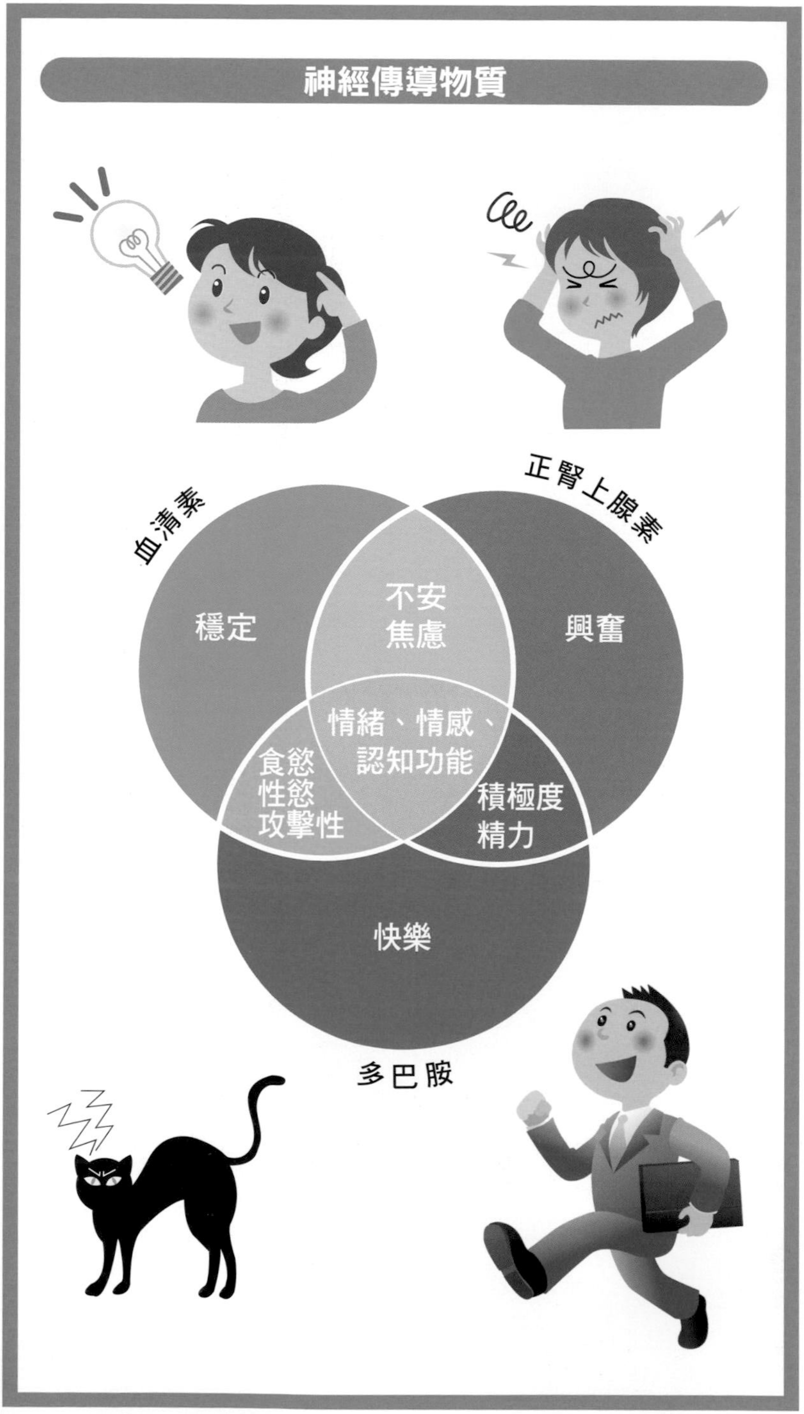

與情緒有密切關聯的神經傳導物質

人類和動物的共同現象，是只要一發現某種行為會產生快感，就會重複那個行為，反之則會設法避免曾感受到不愉快的行為。「愉快／不愉快」的情緒，是來自過去有過的經驗，有助於未來的行動。這種「愉快／不愉快」的反應，與腦部的迴路有關。

喜悅和幸福等愉快的情緒反應，和位於大腦基底核的尾狀核腹側部的伏隔核有關。伏隔核是可以促進分泌多巴胺的部位，有強化突觸結合、記憶和學習相關的作用。它可以與情緒連結起來，透過腦部記憶來強化行動。

一九五三年，研究發現了一種自我刺激行為的迴路，稱作犒賞系統。這項研究用電極刺激了實驗鼠腦部迴路的中腦腹側被蓋區，而喜歡電氣刺激的老鼠會主動按下把手，進行自我刺激，結果提升了牠們的寢食和性慾這些本能行為。

這個機制就和賭博的興奮、藥物成癮等活動上的愉快情緒相同，都是來自於多巴胺的作用。腹側被蓋區的神經細胞軸突會延伸到伏隔核，釋放出多巴胺。

伏隔核

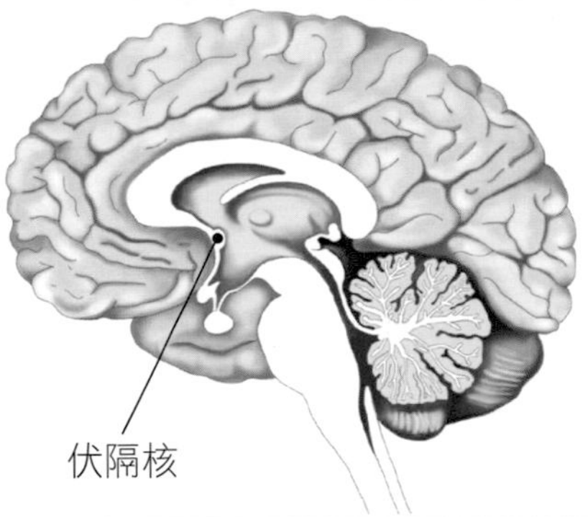

不愉快情緒的神經傳導物質

在憤怒、不滿、恐懼等不愉快的情緒之後，會產生攻擊性的反應。最好的例子就是動物在遭遇天敵時，會做出豎毛弓起身體的嚇阻行為，之後便會發動攻擊。

負責控制這種攻擊行為的，就是血清素。實驗中，關在狹小籠子裡四週的老鼠，血清素的層級在隔離的環境中並沒有變化，但是代謝速度會下降，使老鼠展現出異常的攻擊性。

由此可見，血清素的代謝下降會使動物產生攻擊性，血清素的活化則可以抑制攻擊性。

這種血清素的分泌所造成的行為變化，也可以套用在人類身上。

里佐拉蒂的實驗

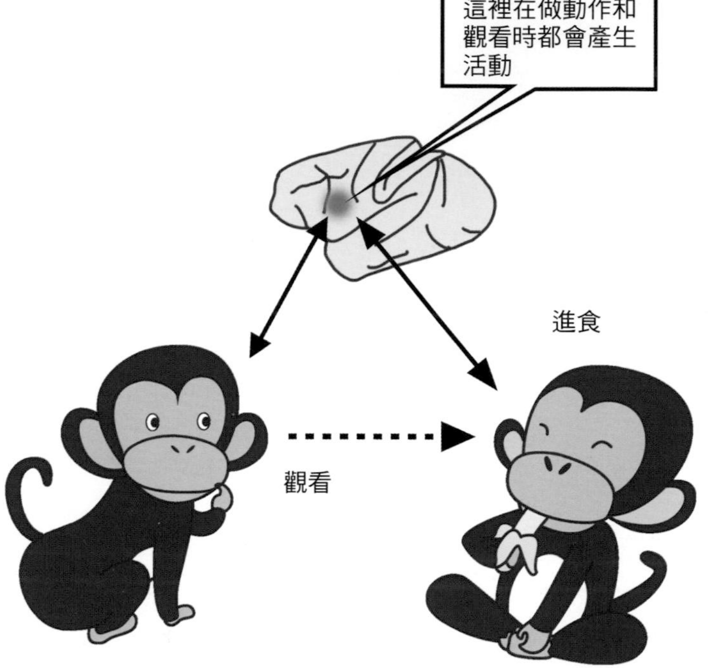

情感的共鳴

看見對方好像很難過時，自己也會跟著難過起來。這種移情作用是受到腦內的腦神經細胞「鏡像神經元」的影響所致。

了解人心

「心靈相通」、「體會對方的心情」這些人類共鳴的行為，都與腦內的細胞「鏡像神經元」有密切的關係。

人類從四歲左右開始，就漸漸能夠從對方的言行舉止推測出對方的想法。這種社會性認知，與義大利的神經生物學家里佐拉蒂（Giacomo Rizzolatti）發現的神經細胞——鏡像神經元的活動有關。里佐拉蒂是從猴子會無意識模仿對方動作的行為，發現這個位在腦內語言區附近的細胞。

人類會無意識在腦中重複對方的動作、表情，藉此理解、察覺對方的心境。舉例來說，當我們同情談話的對象時，就會同樣露出悲傷的表情；或是看見照片中的模特兒擺臭臉，我們就會覺得很不開心。

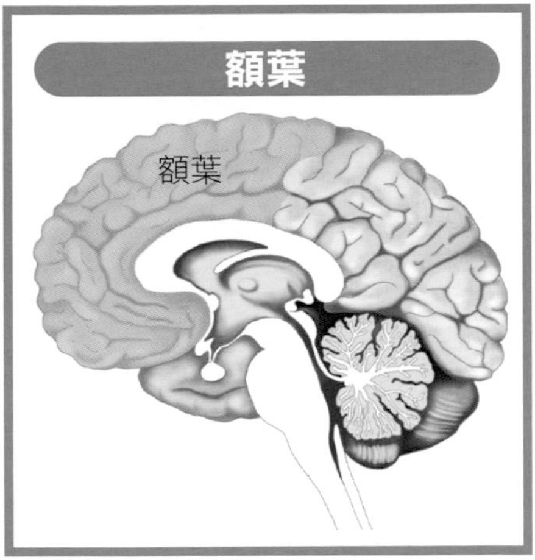

里佐拉蒂的實驗

里佐拉蒂在實驗中讓猴子做出抓食物的動作，以便確認牠腦中活化的部位時，發現活化的是掌管運動功能的運動聯合區。

而在實驗的空檔，研究員準備要吃冰淇淋當作點心時，即使沒有做出和受驗的猴子相同的動作，運動聯合區也一樣活化了。在這個實驗的佐證下，鏡像神經元是與他人共鳴基礎的理論才逐漸廣為人知。

鏡像神經元和運動聯合區

鏡像神經元所在的腹側運動前區，與手腳動作的輸出有關，在捕捉對象、觀察他人的手部動作和口部動作時，鏡像神經元也會出現反應，於是在自己做出相同的動作時產生活動。這時的鏡像神經元會在腦內模擬他人的動作。這一點可以應用於讓運動員觀摹出色的動作示範、使腦部活化後，進而提升運動技能的進步速度。

鏡像神經元的作用至今尚未完全釐清，與心靈理論、語言、共鳴的關係，仍有許多不明之處。

大腦邊緣系統的構造

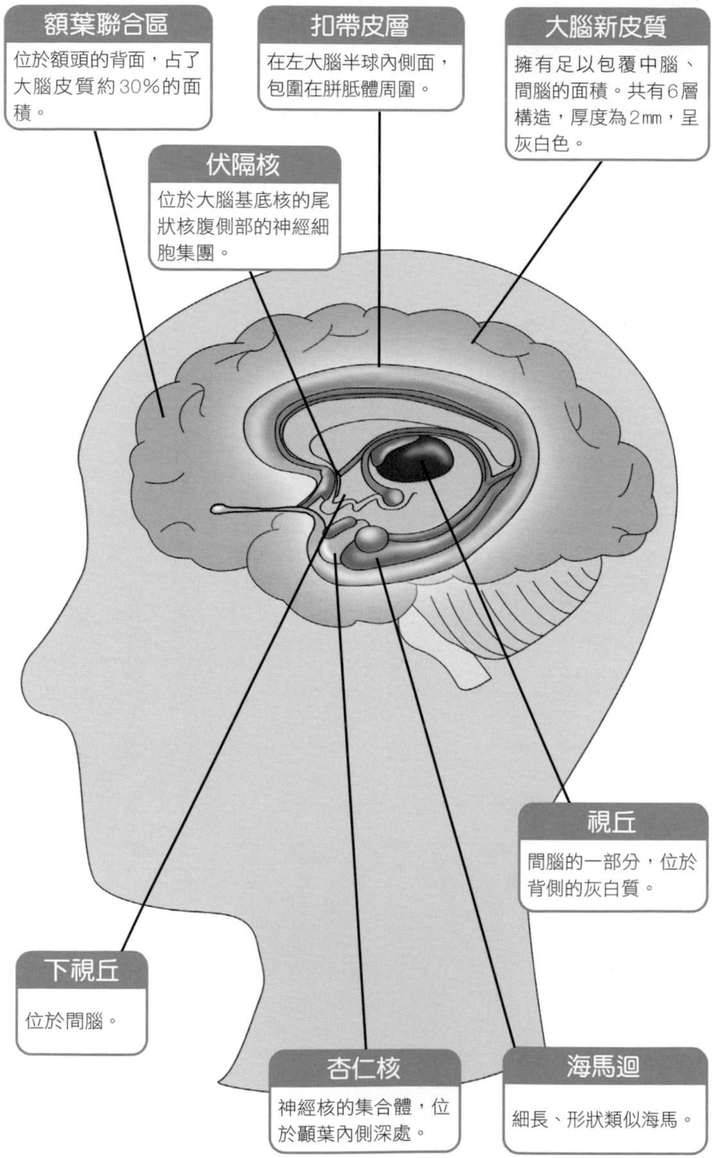
額葉聯合區
位於額頭的背面，占了大腦皮質約30%的面積。
扣帶皮層
在左大腦半球內側面，包圍在胼胝體周圍。
大腦新皮質
擁有足以包覆中腦、間腦的面積。共有6層構造，厚度為2㎜，呈灰白色。
伏隔核
位於大腦基底核的尾狀核腹側部的神經細胞集團。
視丘
間腦的一部分，位於背側的灰白質。
下視丘
位於間腦。
杏仁核
神經核的集合體，位於顳葉內側深處。
海馬迴
細長、形狀類似海馬。

大腦邊緣系統（原始大腦）

人類的高度精神活動，是由大腦新皮質內側的大腦邊緣系統所支持。它負責掌管本能的活動、恐懼等原始的情緒，是由扣帶皮層、腦穹窿、杏仁核、海馬迴、大腦基底核所構成，互相合作。

順便一提，扣帶皮層是指扣帶溝下方、胼胝體上方前後伸展的腦迴，與情緒、記憶、血壓的調節等自律系統功能有關。

腦穹窿是從海馬迴的尾側以弧狀延伸到下視丘的纖維束。大腦邊緣系統是大腦皮質中最早演化出來的部位，又稱作「原始大腦」。

海馬迴是從爬蟲類、伏隔核是從舊哺乳類的腦部演化的過程中，一直存續至今的部位，具有生存必備的功能。

大腦基底核的作用

大腦深處有連結大腦皮質、視丘、腦幹的神經細胞集團，這些就總稱為大腦基底核。大腦基底核是和運動有密切關係的器官，負責控制運動的開始、停止、表情的變化等等。

表情肌會塑造出大笑、憤怒等臉部表情，這些動作都與大腦基底核有關。大腦基底核的尾狀核腹側部的伏隔核，會向控制表情肌運動的顏面神經核傳送強烈的訊號，表現出喜怒哀樂的情緒。

順便一提，顏面神經是分布於表情肌、控制臉部表情肌的運動神經纖維，是塑造表情必備的神經。這些神經纖維中，也包含了與淚腺、頜下腺、舌下腺有關的副交感神經，與傳遞味覺的味覺纖維。

伏隔核是和成癮症有密切關聯的部分，具有容易興奮的性質。喝酒後笑個不停、連稀鬆平常的事都可以笑到打滾的行為，就是因為伏隔核過度興奮，或是大腦皮質對伏隔核的控制變弱。伏隔核是大腦皮質下達指令到肌肉的運動傳導路徑的中繼部位，大約在十歲左右就會發育完成。

表情肌和腦部的關係

表情肌會隨著腦部愈發達，而愈能做出複雜的表情；但是腦部發育不足的人，就會缺乏表情變化，長大後也依然會持續這個狀態。

即使腦部在成長過程中沒有發生問題，也可能會在長大後因為生活環境不同、缺乏與他人溝通，而自然缺乏表情變化，導致腦部沒有活化。

與表情、態度有關的「尾狀核」

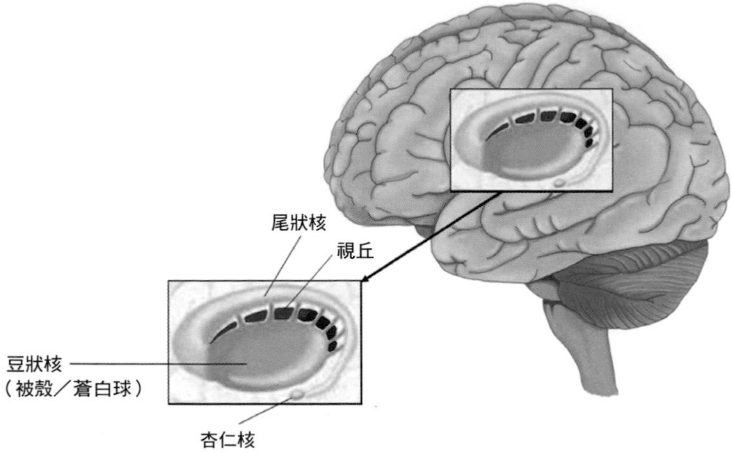

A10神經群

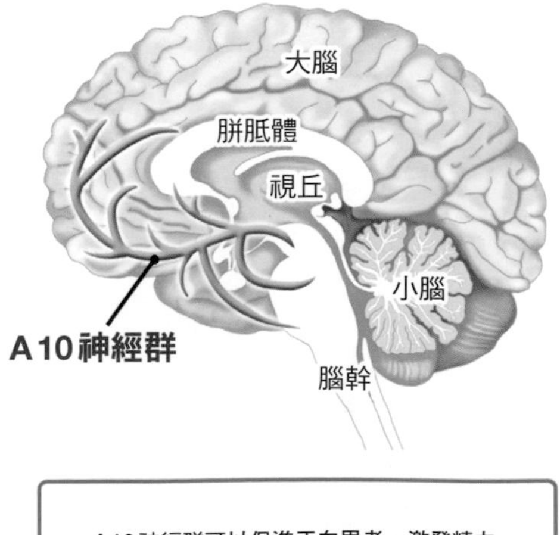

A10神經群可以促進正向思考、激發精力

什麼是尾狀核？

尾狀核是大腦基底核之一，位於其他基底核的被殼和蒼白球的內側上方。

被殼和尾狀核兩者合稱為紋狀體。這裡在胎兒時期原本是一體的結構，但是在演化的過程中分裂成兩個。蒼白球和被殼合稱為豆狀核，這個部位一旦受損，就會造成行走障礙。

過去的研究認為，包含尾狀核的大腦基底核，與自發性運動的控制有關；不過近年的研究證明，尾狀核也與腦部的學習、記憶、回饋處理有很大的關聯。

左邊的尾狀核在理解多種語言之間的單字時，會與視丘產生關聯並活化，所以也會對語言的理解發揮作用。

這是二〇〇六年京都大學和倫敦大學的合作研究團隊發表的結果，對使用兩種語言生活的雙語人士，分別用不同的語言提出問題，同時用ｆＭＲＩ測量其腦部的活動情形，確定左邊的尾狀核活化，因此得以推測這裡會發揮分別運用語言的功能。

A10神經群

A10神經群是孕育情感的中樞，以大腦邊緣系統為中心，管理無意識的世界和情緒的世界，一旦這裡損壞，人就不會產生心情了。A10神經群是由掌管喜好的尾狀核，和掌管意願、自律神經的下視丘所構成。它會孕育出開心、有趣等情感。

A10神經群也和消除腦部疲勞的中樞相連，只要過著快樂的生活，腦部就不會累積疲勞；反之，若是過著無趣、無聊的生活，腦部就會逐漸疲乏。

喜好的選擇

尾狀核會在ＡＢ二選一這種選擇喜好的時候發揮作用。二〇一三年，日本玉川大學釐清了人在做這種選擇時，造成腦部活動和行為差距的心意轉變機制。

在實驗當中，受驗者要從兩張一組的臉部照片，選出自己偏好的那一張。接著讓他們再重看一次照片，再問一次同樣的問題。這時，在第一次選擇時尾狀核活動較強烈的人，第二次還是會選擇一樣的照片，並不會改變心意；但是在第一次選擇中尾狀核活動較低落的人，在第二次改變心意的機率就比較高。

能力評量的方法（倫敦塔測驗）

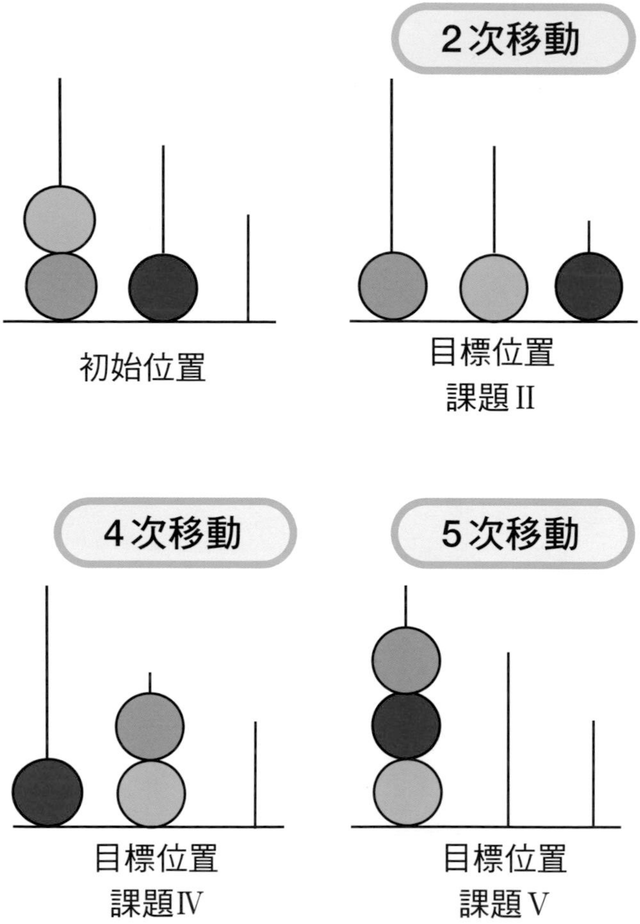

從倫敦塔測驗可以發現，有額葉障礙的人，
答對率會偏低。
這類人具有無法妥善循序漸進的傾向。

出處：改寫自 Shallis, T. Philosophical Transactions of the Royal Society of London. B, 298, 199-209. 1982。

活化的腦

大腦的額葉聯合區，是掌管人性的部位，負責透過經驗和現下情境來決定下一個行動的「目標設定」功能、儲存心算和對話等臨時資訊的「工作記憶」功能、判斷做出更好的選擇，以及考慮如何行動才能達成目標的「判斷」與「計畫」功能。

人類的額葉聯合區可藉由三歲以後的體驗和學習來鍛鍊，但長大後若是疏於鍛鍊，就會逐漸衰退。額葉聯合區一旦衰退，就會導致專注力低落、判斷力低落、自制心低落，變得易怒和注意力渙散。這種衰退情形，可以藉由開口讀出書本的文字、與人溝通交流來加以刺激、鍛鍊。

倫敦塔測驗的目的

有一種評量叫作「倫敦塔測驗」，用於測量受驗者從計畫的籌備，到計畫執行的一連串反應能力。測驗內容是分別移動紅、藍、綠色的串珠，用最少的移動次數來改變倫敦塔的正確顏色排序。

這個測驗對於額葉受損的患者來說，不只是要花很多時間作答，答對率也顯示出腦部有很大的障礙。這種人在實際生活中下廚煮飯時，往往無法順利執行從買菜到烹飪的程序。

腦的活性部位

人在做決策和判斷時，腦的枕葉上側頭溝附近、專門處理資訊以便做出判斷的ＭＴ區（中顳區，Ｖ５）和ＭＳＴ區（枕葉、頂葉聯合區的一部分）就會活化。

以ｆＭＲＩ（功能性磁共振斷層掃瞄器）拍攝腦部在面對強烈的道德兩難的場面時，會發現額葉聯合區裡的內側前部、前扣帶皮層、角回都會活化。也就是說這些部位都與道德的矛盾有關。

額葉聯合區的區域間功能差異

額葉聯合區在進行配合狀況的變化來彈性轉換行為這類高度的行為時，扮演了很重要的角色。但是根據近年的研究，卻發現額葉聯合區內的功能也會因部位而異。例如在面對某個課題時，外側部會保持最適合當下狀況的行為規則作業記憶（工作記憶），腹側部會根據報酬經驗來尋求解決課題的意義，內側部則是會為了後續的解決行動而主動參照工作記憶，幫助解決課題。

9
強烈的身心壓力會對「下視丘」和「腦下垂體」（間腦）造成不良影響

壓力會造成肩膀痠痛

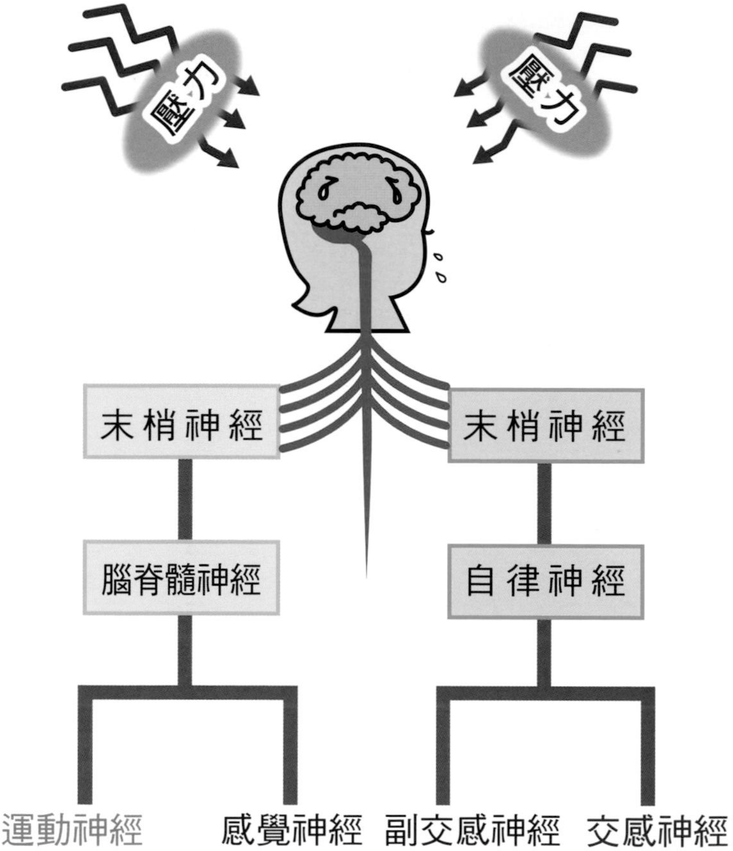

腦脊髓神經路線

腦部所感知到的心理創傷會透過神經纖維傳遞，使肩膀周圍和頸部肌肉緊繃，造成血液循環障礙。

自律神經路線

當人受到嚴重的心理創傷時，交感神經會抑制血液流動，導致肩膀周圍和頸部出現血液循環障礙。

壓力和腦

壓力可分為因為疾病和受傷造成的生理壓力，與人際關係引起的問題、疲勞、睡眠不足所造成的精神壓力。壓力可以藉由休息和轉換心情來紓解，但若是長期承受嚴重的壓力，受到壓抑的情感就會破壞腦部下視丘和腦下垂體的功能，不僅會使神經系統受損，腦下垂體還會分泌出壓力荷爾蒙，引發自律神經失調等各種疾病。

產生壓力的機制

人類在承受壓力時，腦內下視丘的室旁核扮演了很重要的角色。室旁核是面向下視丘第三腦室的神經核，與腦下垂體後葉的荷爾蒙分泌有密切的關聯。

壓力的傳遞方式，會因種類而分成兩條路線。

對身體造成嚴重負擔的生理壓力資訊，不會經過大腦皮質，而是從末梢直接傳遞到下視丘的室旁核。而精神壓力會使大腦皮質和大腦邊緣系統的杏仁核興奮起來，將資訊傳遞到下視丘的室旁核。室旁核內的神經細胞會分泌出促腎上腺皮質素釋放素（ＣＲＨ），傳送到腦下垂體和腎上腺。腦下垂體和腎上腺會因應壓力而分泌出調節體內功能的荷爾蒙，同時也會刺激自律神經（交感神經），開始準備迴避壓力。

在這種荷爾蒙和自律神經的雙重作用下，心臟和肌肉就會相應出現各種壓力反應。

若是長期承受壓力，會對身心造成各種影響，維持心率和血壓等體內環境的功能就會出現不良後果。

而且，壓力一旦慢性化，抵抗力就會下降，使身體組織容易受損，過度分泌ＣＲＨ會造成生長激素不足，以及生殖器功能下降。

自律神經和壓力

食慾不振等自律神經的壓力反應，屬於比較明顯的自覺症狀。這是身體為了應付和迴避壓力源，而增加肌肉的血液循環、減少腸胃的血液循環所引起。

此外，天然災害、犯罪等危險狀況的經驗，會因嚴重的壓力引發ＰＴＳＤ（創傷後壓力症候群）。主要症狀包括突然想起體驗當時的狀況、焦慮和失眠等過度警覺症狀、不願意再回到事發現場的逃避症狀。症狀若是在經驗過後一個月仍未改善，就會診斷為ＰＴＳＤ。

1 記住事物、暫時儲存記憶的「海馬迴」（大腦邊緣系統）

海馬迴的構造

海馬迴的形狀像是海馬，兩個分別並列在腦部中心的左右兩側。它是記憶的司令塔，負責短期記憶，再依需求將記憶資訊傳送到大腦皮質、長期儲存。

每天都有許多腦細胞死亡，但只有海馬迴的細胞會持續細胞分裂、不斷增生。

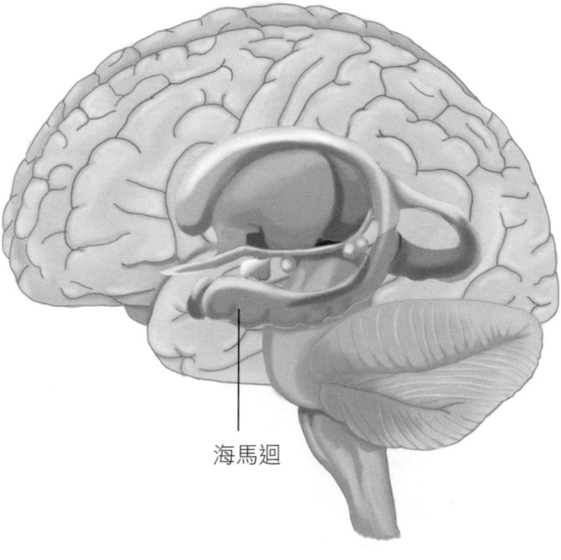

記憶的原理

我們平常學習和體驗的事，都會成為記憶留存在腦中。

像是自己的名字、和親朋好友與家人的回憶、學業等等，記憶在我們的生活中不可或缺。但記憶究竟是在哪裡生成、累積下去的呢？

作為記憶材料的視覺、嗅覺等外來的刺激資訊，會透過感覺系統傳送到大腦。傳來的資訊會各自分配到大腦皮質的感覺區，經處理後送入接近腦部中心、在大腦皮質內側受到保護的大腦邊緣系統海馬迴裡累積起來。時間、地點、視覺等資訊會在海馬迴裡匯合，整理統合後，成為一段完整的情節，暫時儲存一段時期。

之後，這段情節經過齒狀迴→CA3區→CA1區→海馬支腳，再度回到顳葉的大腦皮質，固定成為記憶。

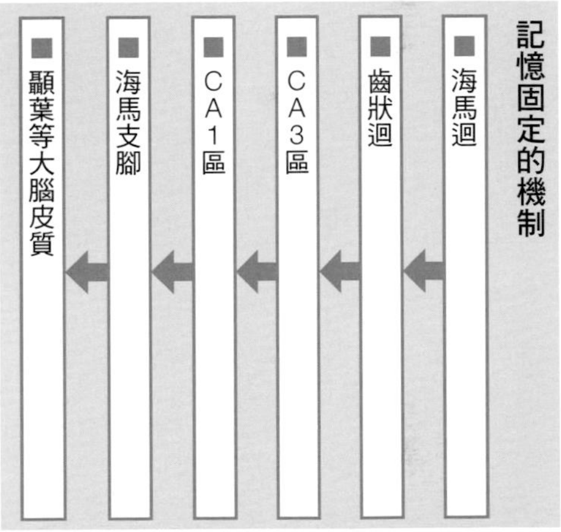

海馬迴的資訊選擇功能

海馬迴在傳遞資訊後，會篩選出需要長期保留的記憶，和經過一段期間後即可刪除的記憶。

這項功能的證據，就是當海馬迴因病痛而受損時，在損傷以前的記憶會留下來，但無法記住受損前發生的事情及其他最近的記憶，記憶新事物的能力也會下降。因此，海馬迴具有從累積的記憶當中，挑選出需要保存的記憶的功能。

何謂記憶深刻的狀態

如同前文所述，目前已經確定腦部具有將海馬迴內整理好的記憶，傳送到大腦皮質儲存的機制。但是，關於記憶儲存的詳細原理，至今仍在研究當中。

其中一個說法，海馬迴傳送的記憶資訊，會透過電氣訊號刺激大腦皮質的神經細胞，刺激的程度會改變突觸的傳遞效率高低、數量、面積，所以突觸會隨機應變、維持在電氣訊號暢通的狀態。這就是記憶深刻的狀態。

各式各樣的記憶和範例

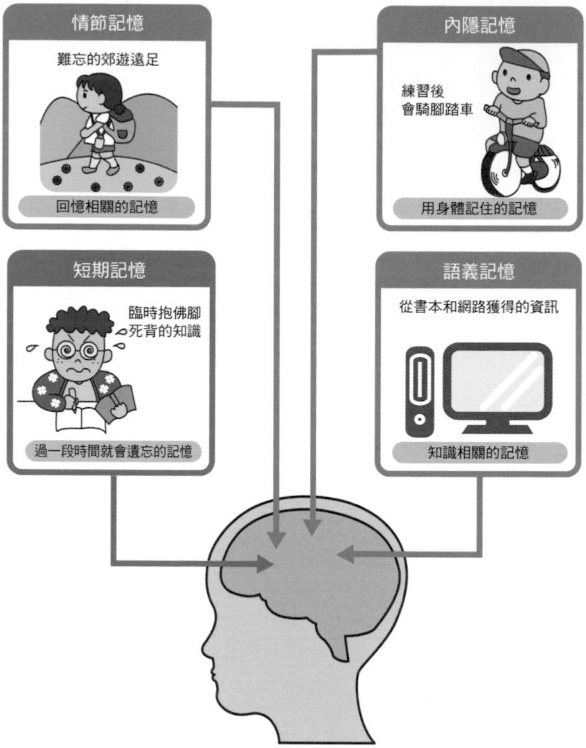

記憶的分類模型

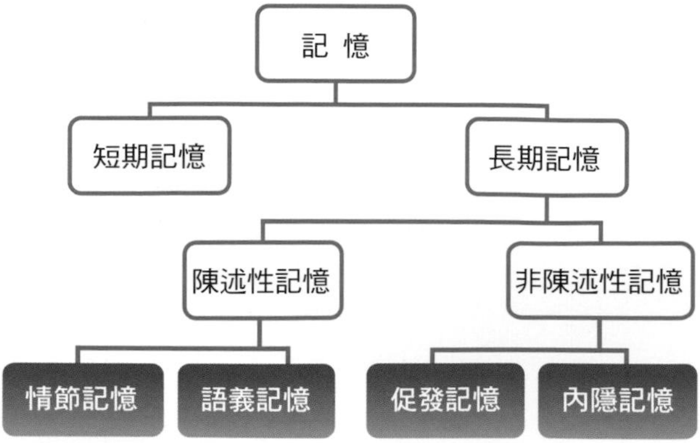

海馬迴和杏仁核

在一九五〇年代的美國，醫師為癌症病患開刀摘除海馬迴後，後續追蹤發現病人出現再也無法記憶新事物、也無法回想過去的症狀。

但是，病患的智能和人格並沒有變化，只有記憶出現障礙，因此證明了海馬迴是掌管記憶的器官。

透過感覺系統累積在海馬迴的資訊，推測最長可以保存一至數個月，再依需求傳送到大腦皮質儲存。用電腦來比喻腦部的話，海馬迴是暫存記憶體，大腦皮質則是半永久儲存的硬碟裝置。

但是，海馬迴並不會一律保留所有記憶，杏仁核為了要刺激海馬迴，比起今天吃的早餐內容，反而會讓人更鮮明地記住多年前和戀愛對象在餐廳吃的獨一無二的餐點。杏仁核把這件事當作印象格外深刻的記憶、刺激海馬迴，所以記憶才會強化。順便一提，杏仁核會統整來自海馬迴的記憶資訊，是產生情緒的部位。

回憶以外的記憶

小時候的遠足和旅行、放學後和朋友聊天，這些令人懷念的記憶就稱作情節記憶。

這種記憶包含了各式各樣的種類。記得神奈川縣縣廳位在橫濱的知識，屬於語義記憶；練習騎沒有輔助輪的腳踏車這類用身體記住的記憶，屬於內隱記憶。此外，抄下電視購物節目字卡上顯示的電話號碼和商品編號，這個行為也是暫時的記憶作業，稱作工作記憶（作業記憶）。

長期記憶與短期記憶

記憶的種類五花八門，可以分為長期記憶和短期記憶這兩大類。長期記憶包含可以用言語表達的陳述性記憶，和無法用言語表達的非陳述性記憶。

陳述性記憶又可分類為包含印象深刻的事情、每日生活記憶的情節記憶，包含知識相關記憶的語義記憶。

非陳述性記憶包含練習後就能精通的內隱記憶，和無意識記住以往經歷的促發記憶。

陳述性記憶和非陳述性記憶用來固定記憶的腦部區域不同，其中與陳述性記憶有關的是海馬迴與顳葉內側部。這個部分即使受損，也不會影響到非陳述性記憶。

另一方面，與非陳述性記憶有關的是大腦內側的神經核、涉及運動學習的大腦基底核和小腦。

工作記憶的原理

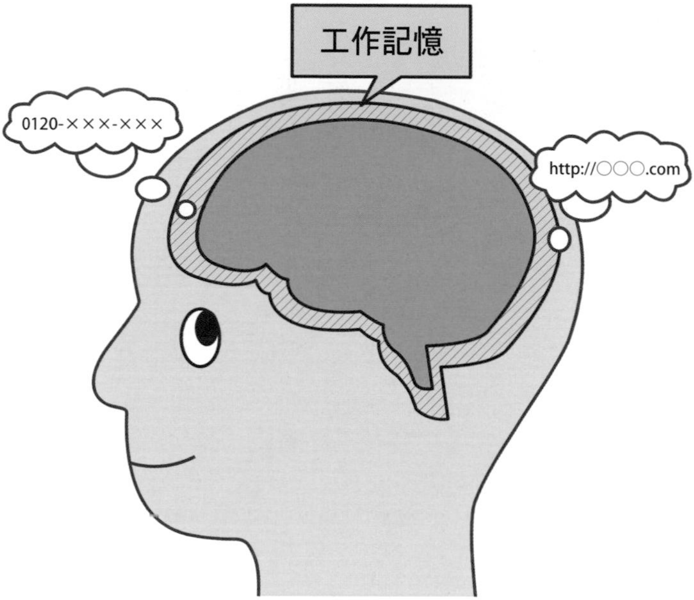

工作記憶（短期記憶）

額葉聯合區

頂葉聯合區

→ 這兩者和許多部位會聯合作業。

在執行作業的過程中，神經傳導物質（腦內荷爾蒙）的多巴胺、血清素、正腎上腺素會發揮重要的作用。

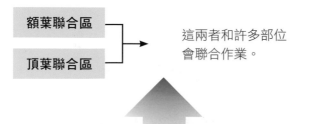

什麼是工作記憶？

短時間保存幾十秒到幾分鐘的短期記憶，就稱作工作記憶（作業記憶）。

像是現場抄寫記錄聽到的電話號碼和電子郵件帳號，還有即時的數字計算等等，這是只會在極短的時間內暫存於腦中，之後就會忘記的記憶形態。

工作記憶是指人類的腦部機制在一系列複雜的認知系統當中，將需要的資訊儲存為短期記憶，處理後以備暫時運用的原理。

關於這個原理，美國認知心理學家喬治・米勒（George Armitage Miller），在一九五六年將這種短期記憶稱作「神奇的數字：7±2」，意思是腦部功能最活潑的年輕人，記憶廣度大約只有七個單位（組塊〔例如數字、文字、單字等等〕）。

後來米勒又繼續研究，發現記憶的數量與組塊的種類有關，工作記憶的最大容量大約是單字五個，字母六個，數字七個。

與工作記憶有關的腦部區域

進行工作記憶的作業時，腦部的額葉聯合區也會發揮重要的功能。其中會活化的部位是背外側。但並不是只有額葉聯合區活化，它也會同時帶動頂葉聯合區。也就是以額葉聯合區為中心，連鎖多個部位共同作業。

腦內荷爾蒙的作用

在工作記憶的作業過程中，多巴胺、血清素、正腎上腺素等各種神經傳導物質（腦內荷爾蒙）都發揮重要的功能。

額葉聯合區的活動會因為多巴胺而活化，因此，工作記憶往往也與多巴胺息息相關。可見有大量多巴胺分布在額葉聯合區。

實驗顯示，猴子在服用了會阻礙多巴胺和正腎上腺的藥物以後，就變得無法處理原本可以使用工作記憶處理的課題，學習成果下降。反之，讓無法處理課題的猴子補充多巴胺後，這些障礙就獲得了改善，學習成果也提高了。

不過關於多巴胺的投用量，若是使用過多，也會防礙工作記憶。所以工作記憶的活性，重點還是在於釋放出濃度適當的腦內荷爾蒙。

情節記憶到語義記憶的過程

語義記憶

小小的記憶、抽象化的知識。
這些知識的集合會形成情節記憶。

今天在補習班學到了牛頓的萬有引力定律。

各個資訊歸類在腦內的各種部位。

其他資訊	視覺資訊	聽覺資訊	場所	時間
補習班裡的氣味	老師的臉	老師的聲音	補習班	今天
不一樣的筆記	黑板上的字	周圍的聲音	補習班的櫃台	明天

情節記憶將各式各樣的資訊匯整成一段故事，這段體驗的記憶會逐漸淡化、再也記不住。

語義記憶會保留下來

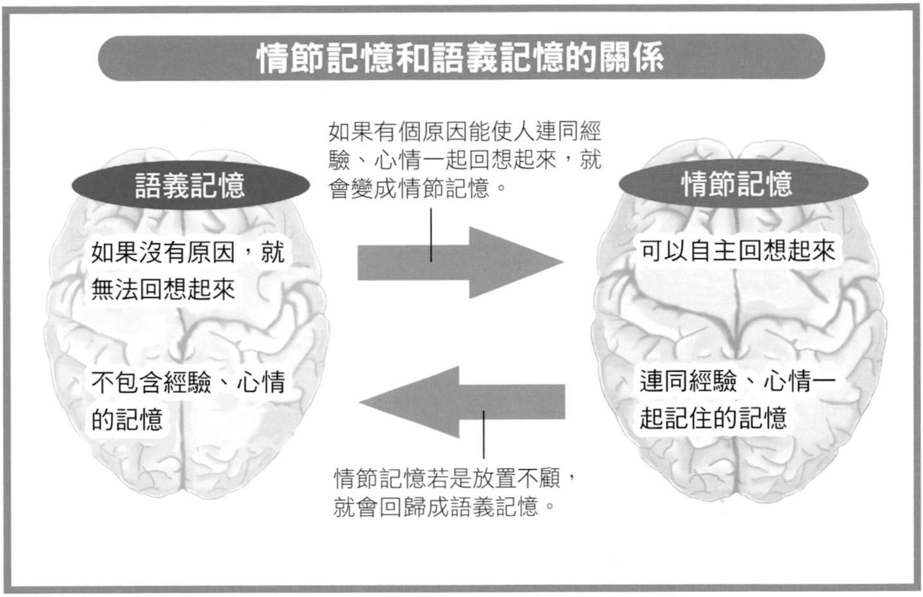
情節記憶和語義記憶的關係
語義記憶
如果沒有原因，就無法回想起來
不包含經驗、心情的記憶
如果有個原因能使人連同經驗、心情一起回想起來，就會變成情節記憶。
情節記憶若是放置不顧，就會回歸成語義記憶。
情節記憶
可以自主回想起來
連同經驗、心情一起記住的記憶

什麼是語義記憶

所謂的語義記憶，和自己的體驗無關，是指透過學習所獲得的記憶，也就是知識，像是「櫻花是春天的花」、「山手線電車是綠色車廂」、「德川家康開創江戶幕府」等固有名詞、事實、定律、概念等普遍的記憶。長期記憶也是因為有語義記憶才能回想起來，情節記憶需要特別去意識才能想起，所以這兩種記憶的分類不同。

語義記憶是怎麼記下來的呢？我們即使完全不記得是從閱讀書本還是上課、什麼時候、在哪裡學到的，腦袋裡也會記住「三角形的面積算法是底乘以高除以二」。由此可見，語義記憶比情節記憶更容易保留下來。

語義記憶的強化

另一方面，靠著死背單字、數字來記憶的語義記憶，可以和情感組合起來，強化成為在腦中留下印象的情節記憶。臨時抱佛腳式的記憶雖然效率很差，但只要藉由情節記憶，就可以達到高效率的考試學習效果。

舉例來說，在讀歷史時，比起直接背誦年號，在腦海中搭配想像圖片、人物、故事，會更容易將之變成記憶固定下來，學習效率更好。

情節記憶和大腦皮質的關係

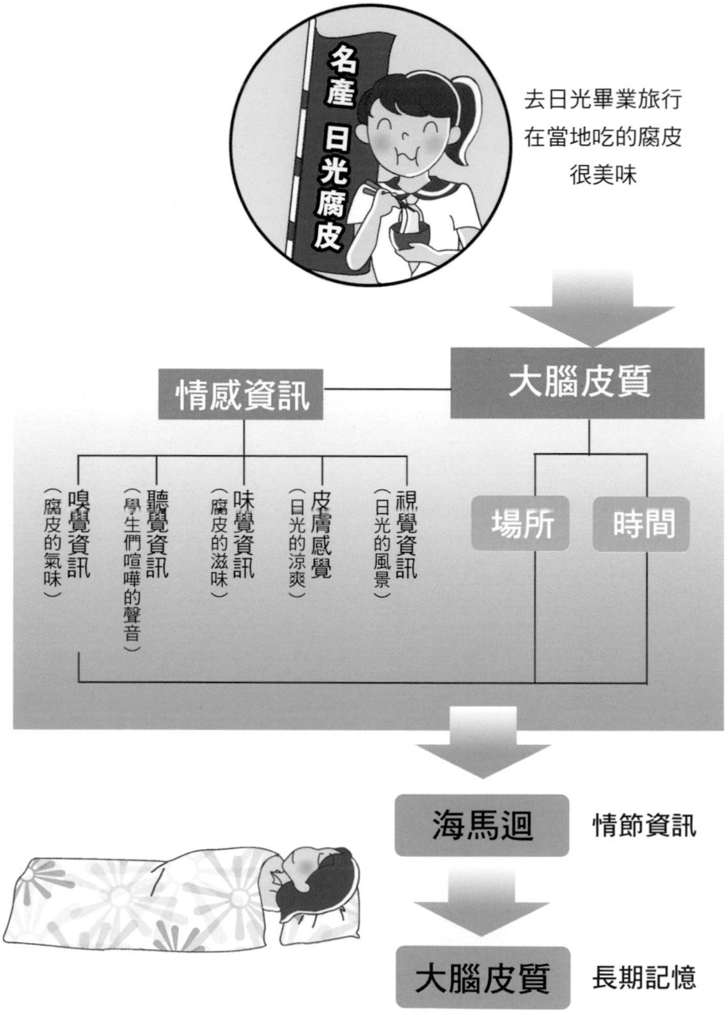

透過海馬迴保留的短期記憶，會在睡覺時重現場景，藉此強化同一條神經路線，轉移成為長期記憶。

什麼是情節記憶

自己經驗過的一連串事情和回想的記憶，就稱作情節記憶。它是包含時間、場所、情感的記憶，是各種語義記憶的集合體，例如「國三去日光畢業旅行時吃的腐皮很美味」、「三十二歲生日的那天，老公在橫濱買給我的鑽戒好美」等等。而其中鮮少回想起來的事情，會漸漸從這段記憶裡脫落。

如果要將情節記憶固定成為長期記憶，需要花兩~三年的時間，在海馬迴裡結合的記憶，會在睡眠中反覆重現這個場面、慢慢形成神經迴路後，變成記憶保留下來。

阿茲海默症和情節記憶

有愈來愈多青年世代確診年輕型阿茲海默症，這類阿茲海默症主要會以「何時、何地、何事」的情節記憶為中心，出現記憶障礙。

情節記憶是根據自身的經驗，一旦發生重度障礙，記憶就會變得模糊，出現「眼鏡放到哪裡去了」、「今天吃過早餐了嗎」等狀況，造成日常生活困擾。

和語義記憶的差別

語義記憶是即使不斷努力去記，也很難固定在腦中的記憶；相較之下，情節記憶是即使只記住過一次，也能瞬間固定成為記憶。

然而，我們對日常生活中每天一成不變的通勤風景、洗澡等場面，卻會逐漸淡忘。多次回想有印象的經驗，可以使腦內網路的路徑長得更粗壯、慢慢變成印象深刻的情節記憶。

何謂自傳式記憶

這是一種情節記憶，像是兄弟姊妹的生日、交到第一個男女朋友的日子，這類對自己的人生非常重要、意義深遠的記憶，都屬於自傳式記憶。

自傳式記憶的定義，是「個人在人生中經驗過的事件記憶」。

自傳式記憶的特徵，是可以將自傳式記憶當成故事一樣闡述的語言敘述、包含了一點錯誤記憶的想像性，以及連同情感也一併記憶的情緒。

科學家做過各種自傳式記憶與情緒相關的研究，發現事發當下的心情、情感，會影響到自傳式記憶的回想。

人在快活爽朗的心情下，容易想起愉快的自傳式記憶；相對地，在不愉快的心情下，就會容易想起不愉快的自傳式記憶。

透過記憶的累積一步步成為天才

內隱記憶的特徵，是身體一旦記住以後，就很難忘記。透過這種記憶的累積，就有可能達到天才的水準。這是體育界從以前就經常運用的記憶方式。

參考文獻：《図解雑学 よくわかる脳のしくみ》（Natsume社）

不易遺忘的記憶

演奏樂器、運動、開車等透過身體反覆動作而記住的記憶，稱作內隱記憶。這是用身體記住的記憶，特徵是很難向別人清楚解釋，無法只靠讀教科書就能學會。人類在十歲以前的語義記憶很發達，情節記憶會隨著成長而漸占優勢。內隱記憶會在五～六歲時達到高峰。

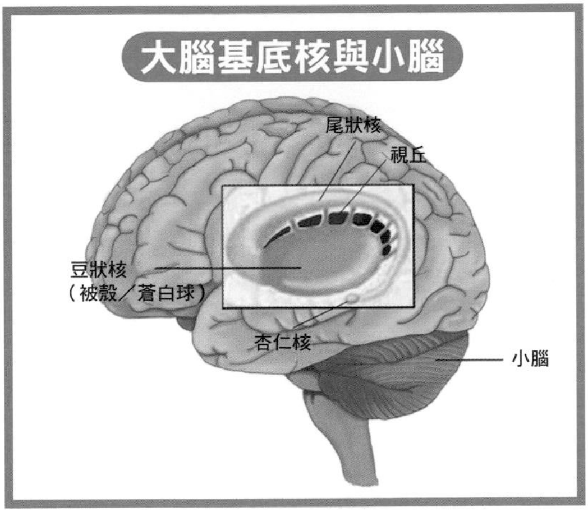

運用身體的技能，大多數都是透過小腦和大腦運動區，以及隨著這兩區的活動來編排姿勢的大腦基底核進行。

然後，藉由多次反覆練習，就會固定成為內隱記憶、達成這個動作。像是空手道型（套拳）、高爾夫揮桿等等，這種經過多次重複練習來讓身體記住動作的作法，都是演奏樂器和運動的基本。

這種動作的內隱記憶，就儲存在掌管運動的大腦基底核裡。人類是大腦皮質的運動區、高度運動區對大腦基底核下達運動指令，但鳥類等動物的運動最高中樞就是大腦基底核本身。

背誦也是一種內隱記憶

背頌經文、婚禮上的演講講稿、鋼琴演奏的琴譜，這些反覆練習就能學會的技能，都稱作內隱記憶。腦部受損可能也會造成內隱記憶障礙。即使教導有這類障礙的人學習新的作業方式，也只會留下被教導的記憶，而無法實際作業。

記憶累積以後

內隱記憶的特徵是身體一旦記住後，就很難遺忘。這個記憶只要日積月累下去，就可能達到天才的境界。

內隱記憶會以「指數運算」的方式不斷增加。指數運算是指同一個數字不停乘下去，已經記住的事情會發生加乘作用，每次經驗時都會以「二的幾次方」的速度累積、翻倍增加。即使剛開始只有八、十六的程度，只要持續努力，就可能出現爆發式的成長，抵達一〇二四（二的十次方）程度的天才領域。

促發記憶無法用言語表達

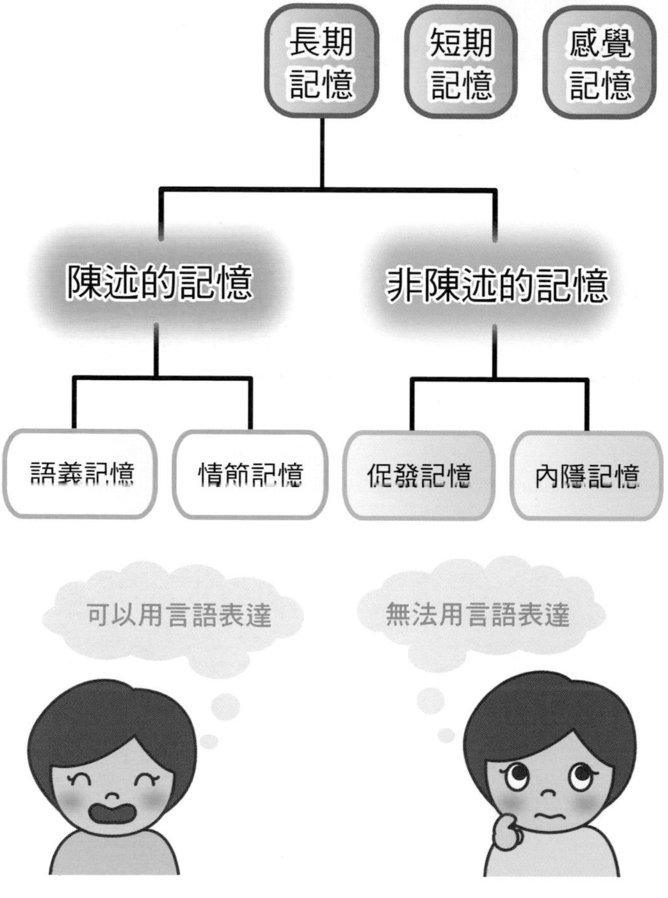

促發記憶是指無法以言語表達，
靠身體記住的記憶。聲音、圖畫、
單字等等，都屬於這一類。

在無意識中形成的促發記憶

有一種記憶是在無意間記下、影響到現在的記憶。這就稱作促發記憶，屬於內隱記憶的一種。先獲取的資訊，會在無意識間對之後獲取的資訊產生作用。

美國曾經有一段時期，在電影中置入一幕具有高度訊息暗示性的「喝可樂」影像，成功提高了食品的銷售量，這個在當時蔚為話題的閾下刺激方法，就是利用了促發記憶的特性。現在雖然已經禁止使用這種有閾下刺激效果的廣告手法，不過它實際上是否真的會影響消費者的購買意願，目前仍未證實。

操作制約

操作制約是指過去的經驗影響到行為。這是一種條件反射，人會基於對過去經驗的好惡情感來選擇行為。

科學家在實驗中準備了一個只要踩踏板就會掉出飼料的籠子，和一個踩踏板就會觸電的籠子，分別比較兩個籠子裡的老鼠行為，結果前者的老鼠變得很愛踩踏板，後者的老鼠則是抗拒踏板。由此可見喜歡和討厭、擅長和不擅長，這些過去的體驗造成的好惡情感，都與大腦基底核和海馬迴的記憶固定有關。

造成錯誤、誤會的促發記憶

請各位閱讀後面這段文字。

「我喜歡的蔬菜有韭菜、洋蔥、牛蒡、高麗菜、小黃爪、茄子。」

各位是否發現小黃瓜寫成了小黃爪了呢？這就是促發記憶的效果，因為蔬菜相關的單字使我們自動聯想、順勢讀下去，才會造成這種錯誤。

那麼，各位再讀讀看後面這段文字吧。

〈運動制服的故事〉

「一穿上比賽用的新制服，不只是心情上，連身體也覺得暢快許多。但是，我又很捨不得已經穿了好幾年的練習用制服，每當我看見下襬不管洗幾次就是洗不掉的污漬、在練習賽時縫上的背號布痕跡，就會想起當時自己有多麼不甘心。這件破爛的練習用制股，或許就是我一路努力過來的證據和驕傲吧。」

這段文字裡出現了三次制服這個詞，而第三次出現的「制服」寫成了「制股」。因為標題和前兩個單字銘印在我們的腦中，讓我們不看完所有單字就直接做出判斷，這就是促發記憶的效果，會導致誤解。

8
恐怖經驗會記憶在「杏仁核」（大腦邊緣系統）

恐怖經驗的記憶特別容易留存

恐怖經驗

促進情感記憶

使杏仁核興奮起來 → 喚醒恐懼的情緒 → 記憶根深蒂固

第二次體驗

因為留下了記憶，
第二次就會感受到危險，
能夠迅速應變。

→ 可以迴避危險

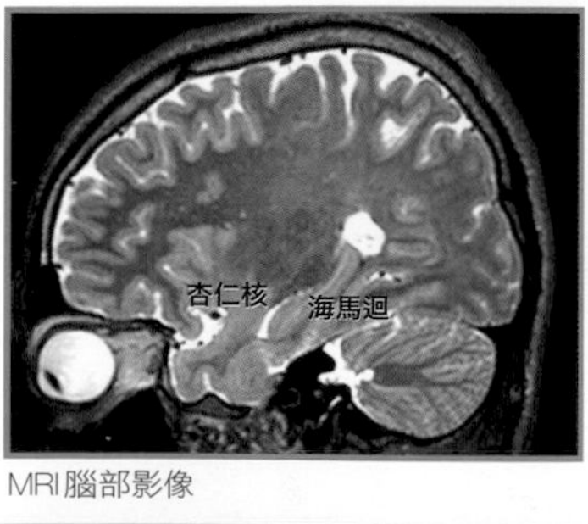

MRI腦部影像

杏仁核會在恐懼的狀況下變得活潑，對身體下達迴避的指令，準備採取因應危險的行動。

不易遺忘的記憶

感覺自己身處於危險之中的恐怖體驗，很容易成為長久的記憶留存下來。一旦遭遇令人恐懼的狀況，杏仁核就會開始活動、下達指令要求身體準備應對危險。在此同時，腦部也會記住這一瞬間，所以記憶會增強。

與強烈情感連結的體驗變成記憶的原理

那麼，我們就來看恐怖體驗固定成為記憶的流程，通常來說，透過視覺、嗅覺、聽覺、觸覺等感覺系統從外界獲取的資訊，會從視丘經由感覺認知路徑傳送到大腦皮質，在那裡處理資訊。但是，恐怖體驗並不會經過大腦皮質，而是從視丘直接傳送到杏仁核，再從杏仁核傳送到下視丘的室旁核。室旁核內會分泌出促腎上腺皮質素釋放素（CRH），傳導至腦下垂體和腎上腺。然後，腎上腺會分泌出腎上腺素和皮質醇這兩種荷爾蒙。

腎上腺素和皮質醇會發揮強化記憶的功能，同時也會影響自律神經、加快心跳、放大瞳孔，汗腺的活動會變得活潑起來。與這一系列的恐怖體驗相關的情緒記憶，都會儲存在杏仁核內。

總之，相對於海馬迴會記憶事實，杏仁核則會記憶事實伴隨而來的情緒。大腦皮質內會產生恐懼的情緒、儲存成為記憶，以便等到下次發生同樣的行動時可以成功迴避。

與強烈情感連結的體驗之所以容易留下記憶，是因為杏仁核開始活動、鞏固記憶的同時，也會使人想起發生當時的情緒，是基於這兩種要素同時發揮作用的緣故。

憂鬱症和腦的關係

日本的憂鬱症病例在這十年多來快速增加，近年的研究發現，病發的原因就在於腦部。

研究調查憂鬱症患者的腦部活動，發現恐懼和不安的症狀較強時，杏仁核會產生強烈反應並且活化。當杏仁核一開始活動，除了恐懼之外，還會孕育出不安和悲傷等情緒。憂鬱症的發病機制可能是本體承受強烈的壓力，引發杏仁核過度反應，壓力荷爾蒙分泌過剩，神經細胞萎縮，造成意願和行動低落。

最近醫學界正在嘗試使用腦深部刺激療法，就像是心律調節器刺激心臟一樣，用電流刺激杏仁核、使其恢復正常的功能，以抑制憂鬱症的症狀。

健忘的原理

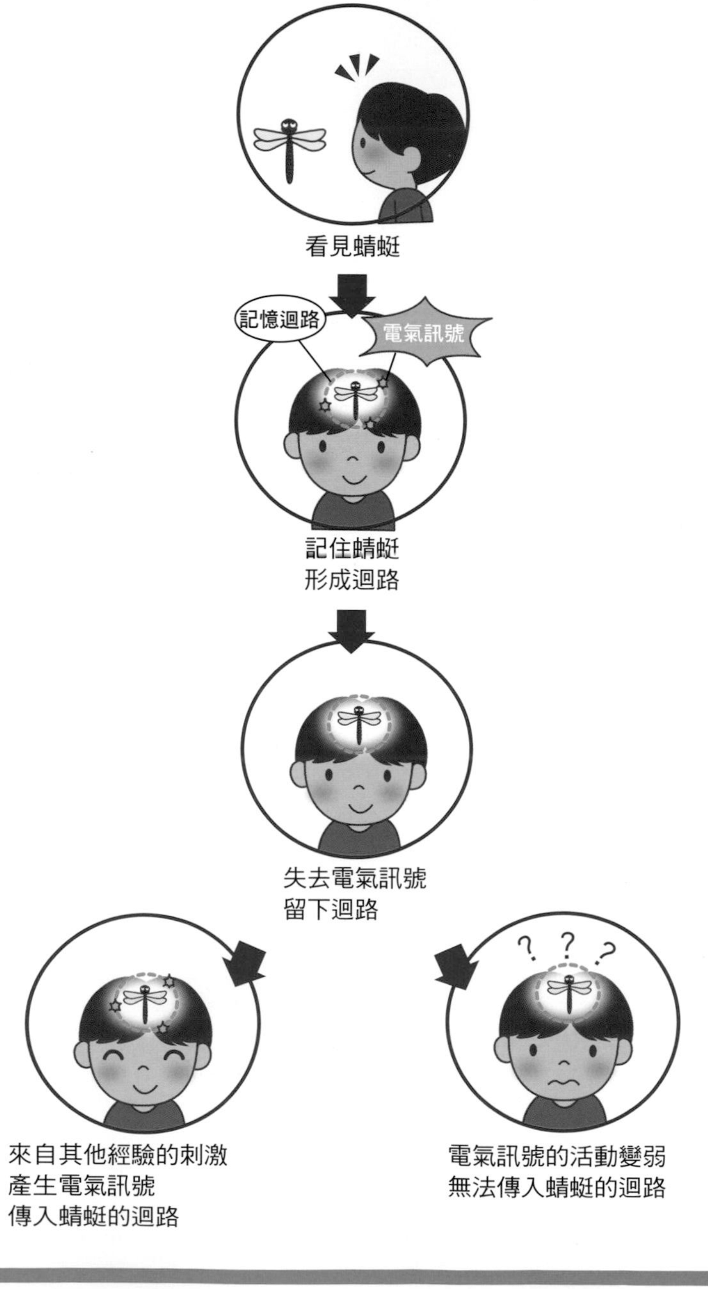
看見蜻蜓
記憶迴路
電氣訊號
記住蜻蜓
形成迴路
失去電氣訊號
留下迴路
來自其他經驗的刺激
產生電氣訊號
傳入蜻蜓的迴路
電氣訊號的活動變弱
無法傳入蜻蜓的迴路

健忘的機制

應該很多人在年紀大了以後，就覺得自己變得很健忘，而且記性也變得很差吧。腦部究竟發生了什麼變化呢？

我們在記憶事物時，聯絡神經細胞之間的突觸會將資訊組合成為記憶，儲存在腦部。

年輕時期的腦部有大量神經細胞和突觸的組合，會運用方便的組合來簡單記憶事物。

然而，語義記憶會隨著年齡增長而增加；相較之下，神經細胞和突觸的組合卻會減少，使記憶變得愈來愈困難。人一過了五十歲以後，通常就無法立刻想出別人的名字、忘記自己本來想做什麼，變得忘東忘西。

記憶力減退、想不起原本應該記得的事情，是因為重現記憶的電氣訊號活動變得衰弱，無法傳入含有目標資訊的神經迴路。

長期記憶的容量無限制

記憶力會在二十～三十多歲時達到高峰，之後就會逐步衰退。

這主要起因於工作記憶功能的衰退、遺忘許多短期記憶內的資訊，以及年齡增長導致遺忘長期記憶；不過，只要沒有確診為失智症，這都算是一般的生理現象。此外，短期記憶的一部分會固定成為長期記憶，保存期限是幾小時～幾十年，甚至是一輩子。

長期記憶當中的情節記憶，如果是伴隨著強烈情感的記憶，就會永遠固定成為記憶。另外根據目前的研究，長期記憶的容量幾乎沒有限制。

失智症

失智症和健忘不同，是腦中風或阿茲海默症等疾病造成認知能力和記憶喪失。想不起臨時偶遇的熟人名字，這是屬於健忘；但失智症是連熟人都不記得，而且斷定對方是陌生人。健忘可以透過訓練來改善，但失智症無法恢復。

失智症	年紀增長導致的健忘
忘記整段經驗	忘記一部分曾經驗過的事情，但不會忘記整段經驗
忘記包含名字在內的整件事情、事物	通常會忘記名字，但是不會忘記事情、事物本身
不知道自己忘記了	很清楚自己忘記了
無法正確認知人物、時間、地點	正確認知人物、時間、地點
無法正常過日子	可以正常過日子

Column 2

談談腦與氧氣（之一）腦樹突的生長假說

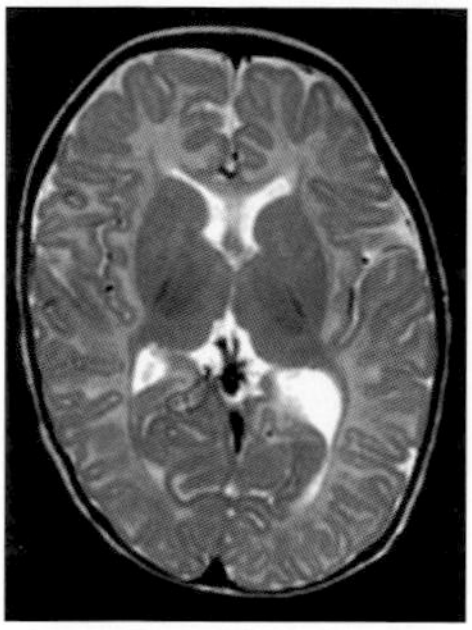

幼兒的腦

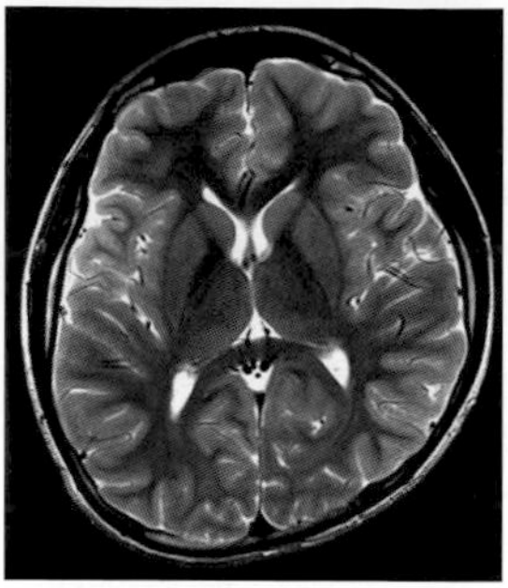

13歲的腦

MRI水平剖面影像比較：可以看出髓鞘形成（腦部成長）的進展

新生兒的腦部成長速度很快，以一週為單位，可以觀察出腦樹突明顯的變化。但是隨著年齡增長，愈接近成人，樹突的變化就會愈緩慢。

即使利用MRI（磁共振成像技術）掃瞄觀察成人的樹突變化狀況，也沒有發現任何變化。

但是，事實上我們的腦隨時都在變化，未知的體驗和學習全新的知識，會使腦部產生某些變化。

換言之，腦樹突在產生變化以前，應該會有某些物質不斷刺激腦部。

而負責這個重要任務的，可能就是「氧氣」。

在第1章第2節（P.16）也提過，皮質的腦細胞需要攝取氧氣和葡萄糖作為活動能量。而氧氣和葡萄糖的運用方法，會影響到腦樹突的延伸方向。

筆者的腦樹突生長假說如下。

只要運用頭腦，使腦細胞的活動活化，就會消耗氧氣，使腦部處於低氧狀態。嚴重的低氧狀態可能會破壞細胞，但某種程度的低氧壓力也會促進腦樹突的生長。低氧對腦內神經細胞的影響，除了細胞數量不會再增加以外，還會為了加速資訊處理而使腦樹突成長。這就像是低氧化會喚醒肌肉、促進成長的「加壓訓練」一樣，讓腦神經細胞處於相同的環境下，就能促進生長。此外，目前還無法釐清肌肉和腦部的氧氣運用方法是否相同，但可以確定的是，肌肉和腦部的微血管構造非常相似。

這就是筆者我對於腦部變化的推論。

第4章

腦和行為的原理篇

～運動與睡眠的功用～

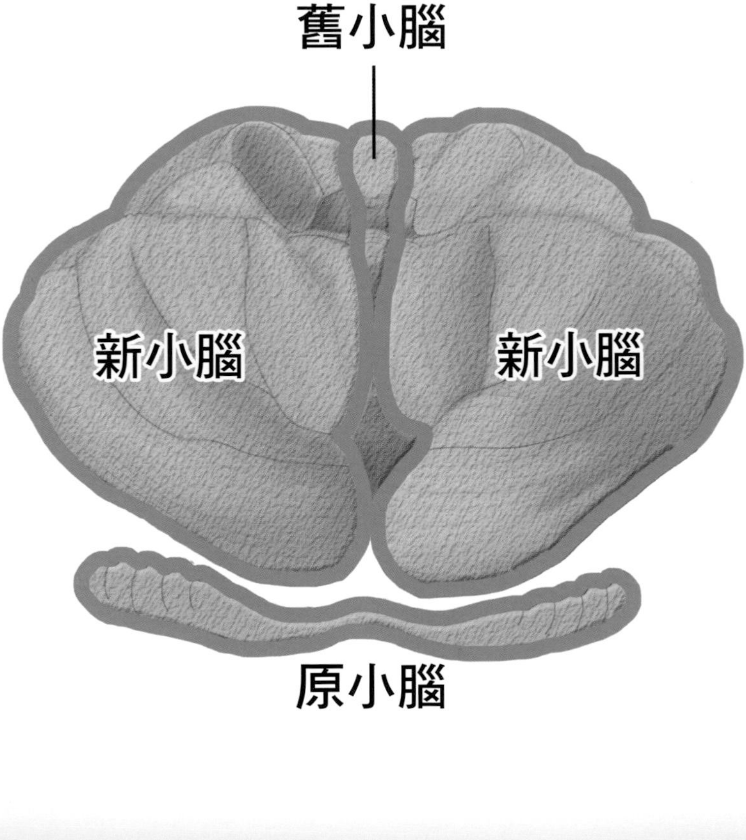

1 腦和運動的運作原理
～人為什麼會踢球、游泳、跳躍、奔跑？～

小腦的各個部位

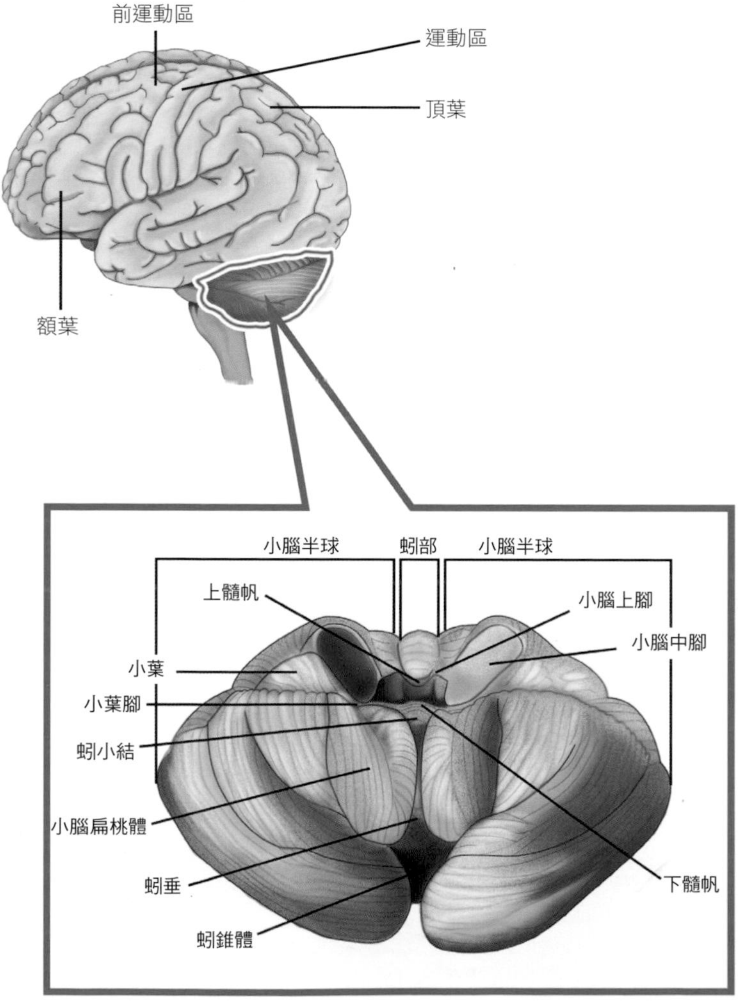
前運動區
運動區
頂葉
額葉
小腦半球
蚓部
小腦半球
上髓帆
小腦上腳
小腦中腳
小葉
小葉腳
蚓小結
小腦扁桃體
蚓垂
蚓錐體
下髓帆

原小腦、舊小腦、新小腦的功能

小腦是由左右小腦半球和中央的蚓部所構成，由一道深溝區分出十七個小葉。根據系統發生學的分類，進化的先後順序為原小腦、舊小腦、新小腦。

原小腦維持身體平衡的原理

原小腦的功能是從內耳的前庭器官（又稱作平衡器官）接收頭部的位置和傾斜相關的資訊，調整頭部和眼球運動，保持身體平衡。資訊的傳遞路徑，主要是從前庭神經經過小腦腳、抵達絨球小結葉。傳遞到絨球小結葉的資訊，會再傳送到小腦深處的小腦頂核。

舊小腦維持姿勢的原理

舊小腦主要是指蚓部和旁蚓部，功能是接收從脊髓傳來的本體感覺資訊，調整軀幹和四肢的肌肉緊繃程度，使身體維持端正的姿勢。

上半身和下半身的本體感覺資訊傳遞路徑不同，上半身的資訊會通過脊髓的後索，下半身的資訊則是通過脊髓的側索，兩者都會傳送至蚓部和旁蚓部。

新小腦調節運動的原理

新小腦會從大腦的額葉和頂葉這些寬廣的區域接收資訊。大腦傳來的資訊會聚集在齒狀核等小腦核內，由小腦整合後，經由視丘傳送到大腦的運動區、前運動區。這些新小腦部位會形成一系列的循環迴路，回饋到大腦皮質，同時輔助運動學習和調節出順暢的身體動作。

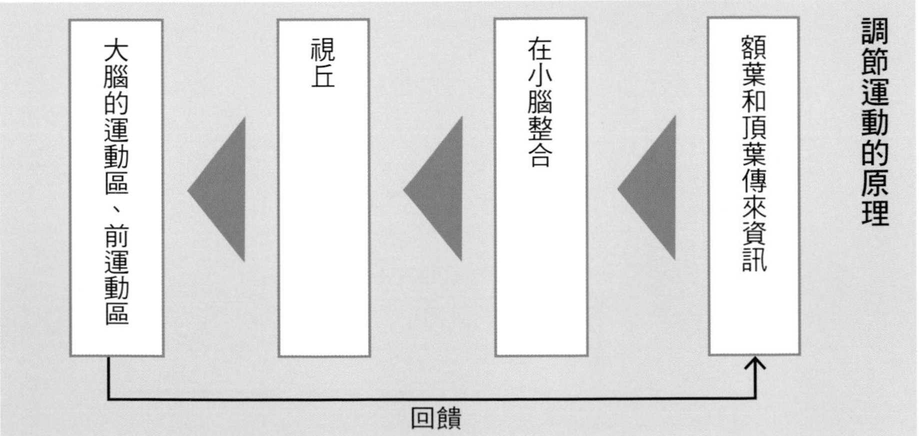

小腦皮質的細微構造模式圖

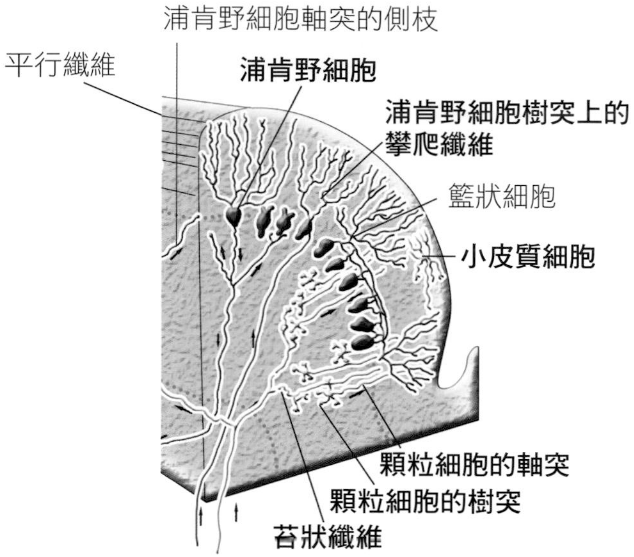

小腦皮質

小腦表面覆蓋著灰白質，這就稱作皮質。
灰白質是神經細胞的細胞體存在的部位。

浦肯野細胞

人類腦中第二大的神經細胞，在小腦皮質分子層和顆粒層之間排成一列。特徵是有很多大型樹突。
會形成麩胺酸性的突觸。

用身體記住的原理

所謂的「用身體記住」，就是由小腦來記憶。

例如我們雖然會在無意識中騎腳踏車，但並不是一生下來就會騎，需要反覆嘗試和失敗，藉由經驗的累積讓身體慢慢記住。而身體記住的記憶，不論過了多久都不會忘記。這就是小腦的運動學習功能的效果。

反覆練習可以將運動模式記在小腦裡，最終在無意識中流暢地完成運動。

在運動記憶發揮重要功能的浦肯野細胞

小腦裡的神經元可以分為五種，分別是位於最外面分子層的星形膠質細胞和籃狀細胞、位於中間層的浦肯野細胞，以及最內層的高基細胞。

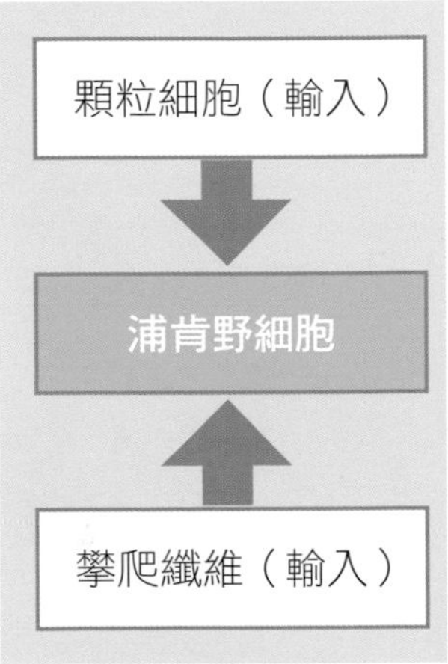

其中的顆粒細胞會沿著軸突往上延伸，抵達表層後，就會與表層平行伸展。浦肯野細胞也會伸向樹突的上方，顆粒細胞的軸突會形成浦肯野細胞的樹突和突觸。顆粒細胞平行延伸的軸突稱作平行纖維，浦肯野細胞會接收從顆粒細胞輸入的資訊。

這五種神經元當中，唯一有輸出功能的是浦肯野細胞，它會將資訊傳送到小腦核。同時，還有向浦肯野細胞輸入的另一條神經纖維，就是從橄欖核延伸而成的攀爬纖維。

運動記憶的機制

人類用身體記住某些事時，會把需要實際活動身體的運動，以及大腦皮質想像出來的運動互相比較。

如果兩者出現差異，運動時的錯誤動作資訊，就會透過攀爬纖維傳送到浦肯野細胞。

這時，浦肯野細胞和顆粒細胞（平行纖維）之間本來很快速的傳導效率，會下降幾個小時，這種反應就稱作「長期抑制作用」。

這樣可以從神經迴路中刪除造成錯誤的突觸，讓身體最終可以做出正確的運動動作。

運動指令從大腦傳到小腦～各個部位

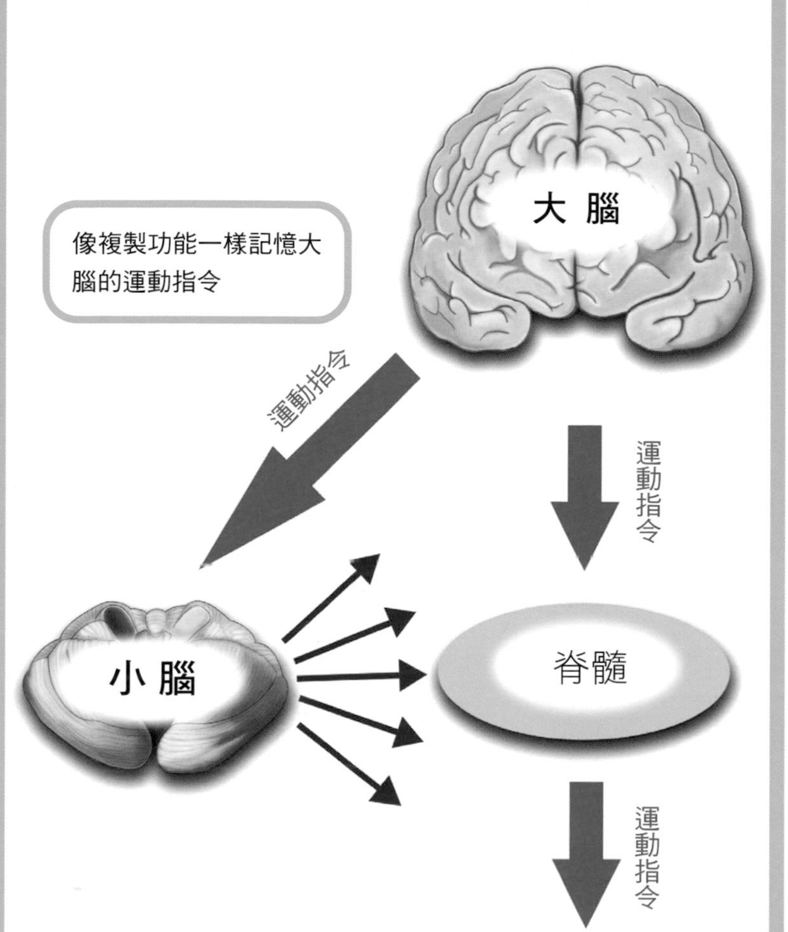
補正大腦傳來的運動指令、傳送到各部位
末梢器官

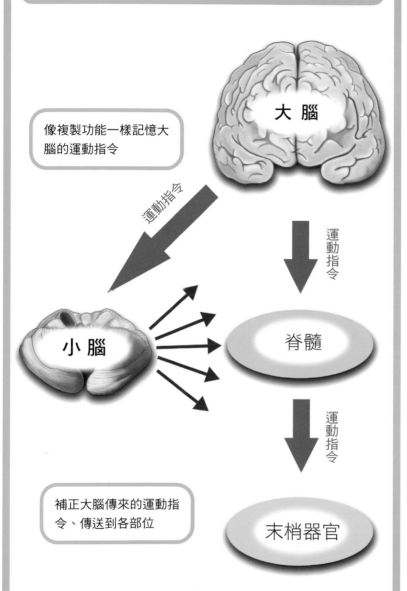

小腦的功用

我們之所以能夠靈活運用手指、處理瑣碎的作業，都是因為小腦的功用。

小腦的功用是補正從大腦傳來的簡略運動指令，再將指令傳送到身體各個部位，讓身體能夠做出正確的運動。

大腦傳達運動指令到小腦的原理

人類在做運動時，基本上是從大腦→脊髓→末梢器官的指令系統，向各個相關器官發出指令開始。小腦會在這時補充指令，所以人體才能夠做出流暢的運動。

腦部的運動抑制機制，是從高位將指令傳達到下位。

高位部位的運動指令，會傳達到大腦皮質六區的運動前區和運動輔助區、四區裡作為運動指令基地的運動區。

舉例來說，「我要爬樓梯上三樓」、「我要提那個行李箱」、「我要換衣服」。

這些動作的目標都各不相同，但只要確定了目標，運動區就會為了實現這些動作，而訂立出身體的哪個肌肉該如何活動的最佳戰略。

抑制多餘動作的大腦基底核

人類在做運動時，除了運動區以外，大腦皮質也會大範圍活化。這時，運動所需的動作指令會從運動野傳送過來。但是，當中可能會包含多餘的動作，所以盡可能調整運動、排除無用的動作也很重要。

此時發揮作用的，就是負責抑制運動的器官之一——大腦基底核。

大腦基底核會克制不必要的動作，將需要的資訊轉換成興奮傳遞訊號，經由視丘外側腹核回饋到運動輔助區。

與流暢運動有關的小腦

小腦接收到大腦傳出的運動指令時，會收集許多來自大腦感覺皮質的資訊。

小腦會以這種方式，更加詳細地編排動作計畫。

具體來說，小腦會將運動的方向、時機、施力程度等企劃和立案後的運動，和實際的動作、收集到的資訊互相對照，將修正過的資訊回饋到運動區。如此一來，下次再企劃同一個動作時，就能做到更正確的編排了。

調控生理時鐘、保持身體規律的下視丘「視交叉上核」(間腦)

視交叉上核在腦內的位置關係圖

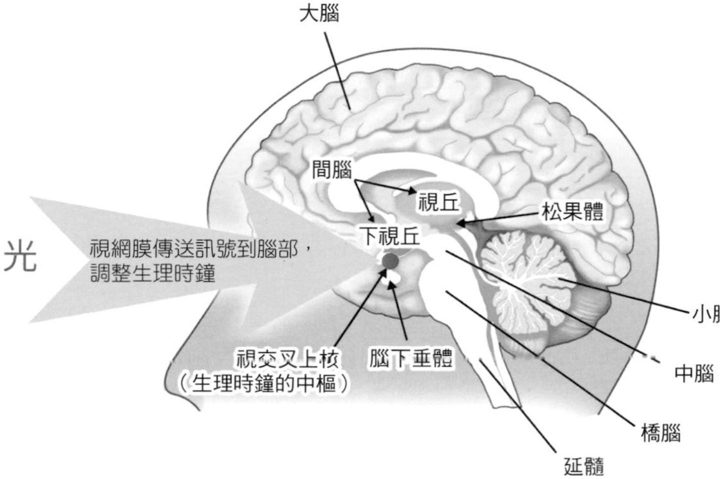

視交叉上核

由位於視交叉正上方下視丘的神經細胞集團組成。如果沒有視交叉上核，人就會徹底失去規律的睡眠和甦醒節律。

晝夜節律

透過眼睛從視網膜進來的光線，會傳導至
① 視神經
② 視交叉上核
③ 上頸部交感神經節
④ 松果體
分泌出名為褪黑素的荷爾蒙。褪黑素會調節體內的生理時鐘。

晝夜節律

早晨醒來、白天活動、夜晚入睡，地球上的動物都是以二十四小時的週期在活動。不僅如此，體內各部位發生的各種作用和變化，也會以二十四小時為週期不斷循環。這個規律就叫作晝夜節律（生理時鐘，circadian rhythm），由視交叉上核負責調整。

視交叉上核位於人類眼睛深處、間腦的下視丘，直徑只有一公釐左右。視交叉上核一感知到從眼睛進來的陽光，就會向腦中央的松果體傳送訊號。接收到訊號的松果體，就會分泌出名為褪黑素的荷爾蒙。

褪黑素是與睡眠有密切關聯的荷爾蒙，負責調節生理時鐘。我們白天只要一曬到太陽，褪黑素的分泌就會減少，等到天色入夜變暗後，分泌量又會增加。在褪黑素的作用下，脈搏、體溫、血壓都會下降，會誘發睡意。

但是，如果不曬太陽、生活中完全沒有接觸到能感受到時間的因素，晝夜節律的週期就會變成二十五小時。只要一照到陽光，視交叉上核就會刺激松果體，將節律重新設定為二十四小時。

體溫也有晝夜節律。人一天的體溫會在早晨來到最低、傍晚來到最高，再隨著夜晚逐漸下降。

人類在體溫降低時會覺得睏倦，體溫高時則會變得活潑好動。

有大約一萬個神經細胞會向全身報時

視交叉上核裡有大約一萬個神經細胞，每一個都會發揮小時鐘的功用，全部約一萬個時鐘協調發出非常精準且巨大的節律。這個部位會向其他腦部位和全身的細胞報時。

根據近年的研究，在構成我們身體的數十兆個細胞當中，發現了有節律的時鐘基因。

以前的人都以為生理時鐘是只存在於特殊部位的功能，不過藉由這個發現，可以確定刻劃時間的結構，就是細胞普遍都有的結構之一。

那麼，視交叉上核這一萬個細胞，是怎麼讓全身多達數十兆個的細胞時鐘變得協調的呢？

關於這個原理，目前尚未詳細釐清，不過可以推測可能是由腎上腺這個生成類固醇激素的內分泌器官，負責執行這個巨大功能。

控制甦醒與睡眠

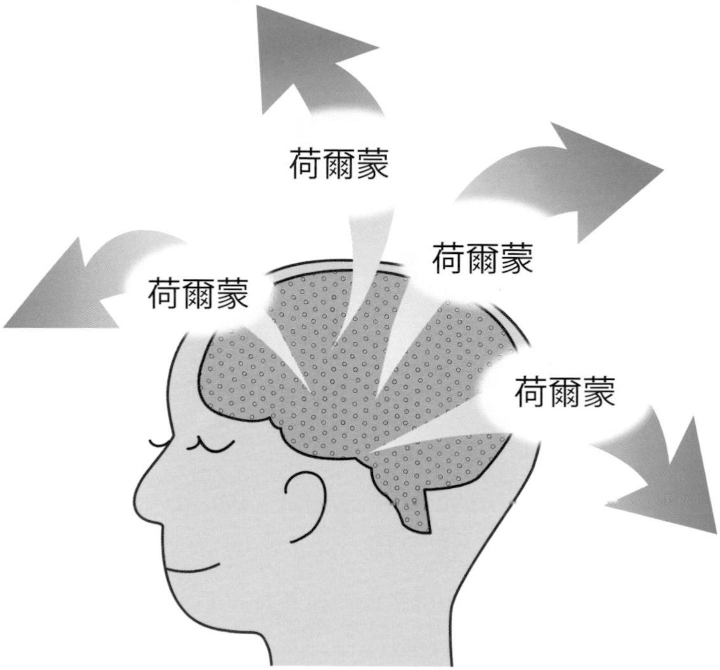

輔助大腦作用的荷爾蒙和神經傳導物質，會在人體活動後分泌出來。這時，「睡眠物質」會儲存在腦內，累積到某個程度的容量後，人就會感覺到疲勞想睡。網狀抑制系統會在此時發揮作用，分泌出血清素。
人體睡眠後，原本儲存的睡眠物質就會逐漸減少，腦部再度漸漸活潑地動起來。腦部就是以這種方式控制甦醒和睡眠。甦醒和睡眠的控制，都與睡眠中的荷爾蒙作用有關。

什麼是腦幹網狀結構

睡眠與前文提過的生理時鐘作用有密切的關聯，但並不僅止於此，它也和腦幹網狀結構的作用有關。

腦幹網狀結構是接收了聲音、光線、氣味等感覺刺激，活化或抑制大腦皮質功能的部位，它就位於從延髓到中腦的神經細胞和神經纖維像網子一樣分布的部分。

能活化大腦皮質功能的是網狀活化系統，擁有抑制活動作用的則是網狀抑制系統。

甦醒和睡眠的原理

人會因為網狀活化系統的作用而甦醒。原理是藍斑核會分泌出神經傳導物質正腎上腺素，使大腦興奮起來。

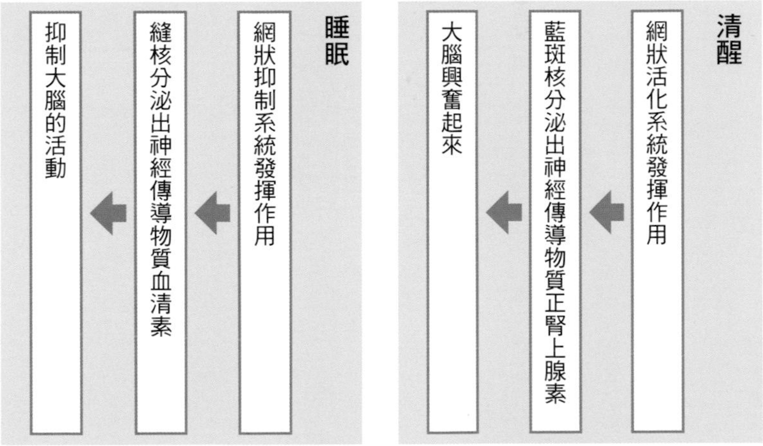
清醒
網狀活化系統發揮作用
藍斑核分泌出神經傳導物質正腎上腺素
大腦興奮起來
睡眠
網狀抑制系統發揮作用
縫核分泌出神經傳導物質血清素
抑制大腦的活動

反之，要誘發睡眠時，網狀抑制系統會發揮作用，從縫核分泌出神經傳導物質血清素，抑制大腦的活動。這兩種神經傳導物質會在腦內均衡作用，控制甦醒和睡眠。

促使甦醒和誘發睡眠的其他腦內荷爾蒙

腦內有前列腺素D2和前列腺素E2這兩種荷爾蒙物質。前列腺素是全身內臟和細胞都具備的物質，有三十種以上，負責掌管各種生理功能。

只要有極少量的前列腺素D2（千兆分之一莫耳），就能夠誘發睡眠。原理是前列腺素D2在前腦基底部的吻端腹側區作用，抑制覺醒中樞活動、刺激睡眠中樞來引發睡眠。反之，甦醒作用則是由前列腺素E2發揮作用。

睡眠的效果是什麼

睡眠的效果	
提升學習成效	需要3小時以上的睡眠。
固定記憶	在淺眠時整理資訊、固定下來。
預防疾病	修復身體受損的組織。
身體成長	分泌生長激素、促進成長。
防止老化	分泌生長激素來修復傷口、肌肉。
消除壓力	壓力是疲勞的累積，可以透過睡眠消除。 慢性的睡眠不足可能會導致睡眠障礙、憂鬱症。
消除腦部與身體的疲勞	消除腦部疲勞需要的睡眠時間，是身體的數倍。

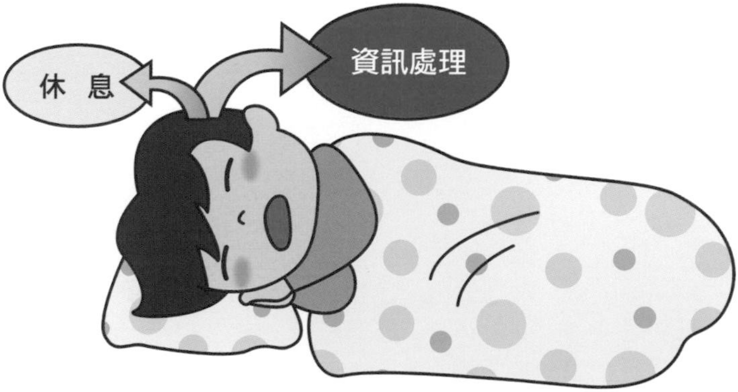

為什麼人需要睡眠？

睡眠並不只是讓疲累的大腦和身體休息而已，還需要在睡眠中整理清醒著活動時透過五感獲得的資訊。

在睡眠時，神經元彼此相連的部分、突觸會產生變化。突觸和記憶、腦部功能有關。腦可以處理的資訊有限，所以需要取捨選擇、更輕易篩選出重要的資訊。睡眠能夠讓神經元重新連結、整理資訊，也可以說是神經元正在維修。

必要的睡眠時間

美國國家睡眠基金會在二〇一三年，以美國、加拿大、墨西哥、英國、德國、日本這六個國家為對象，調查各國國民的睡眠和習慣。結果日本人的平均睡眠時間為六個國家中最短，一天只有六小時二十二分鐘。順便一提，美國的平均睡眠時間為六小時三十分、英國為六小時四十九分、德國為七小時一分、加拿大為七小時三分，墨西哥為七小時六分。

一九五〇年代的日本人平均睡眠時間大約是八小時三十分，可見有大幅減少的趨勢。

一般認為最理想的睡眠時間為八小時，不過還要評估個體差異與睡眠品質，所以不能一概而論。

會睡覺的腦和不睡覺的腦

在睡眠中並不是所有的腦部活動都會下降，有些部位會隨著人體一起入睡，有些則不會。

大腦皮質（大腦新皮質）和視丘（間腦）都需要睡眠，但是大腦邊緣系統和腦幹不需要睡眠。清醒時，大腦會掌管身體運動和高度的精神活動，每天都會消耗許多能量，因此需要定期休養。

另一方面，腦幹是心跳、呼吸、體溫調節和睡眠調節的中樞。大腦邊緣系統具有食慾、性慾等維持生命必備的功能。這些部位終其一生絕不休眠，會一直持續運作。

如果不睡覺會怎麼樣？

如果人一直醒著不睡，大腦皮質和海馬迴的活動力就會下降，注意力、專注力、判斷力、記憶力都會低落，導致健康失調、胡思亂想，甚至開始出現語言障礙。除了人類等哺乳類動物以外，鳥類和魚類也需要睡眠。雖然睡眠的功用目前尚未完全釐清，但是可以肯定與記憶的機制、情感的機制有密切的關聯。

「快速動眼睡眠」和「非快速動眼睡眠」

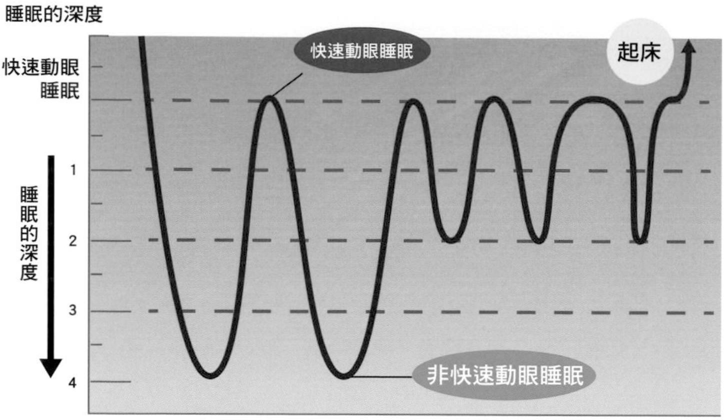

非快速動眼睡眠 4 個階段的腦波		
階段	睡眠狀態	睡眠深度
第 1 階段	入睡期	淺眠
第 2 階段	入睡期	淺眠
第 3 階段	睡眠狀態	深層睡眠
第 4 階段	睡眠狀態	深層睡眠

第 2 階段是比較穩定的睡眠狀態。
第 3、4 階段處於放鬆狀態，稱作慢波睡眠，腦波會趨於平緩。

快速動眼睡眠和非快速動眼睡眠

睡眠是由腦部掌管，讓腦部休息的活動。依照睡眠的深度，又可分為快速動眼睡眠和非快速動眼睡眠。

當我們一入睡後，會先進入非快速動眼睡眠，之後快速動眼睡眠和非快速動眼睡眠會以大約一個半小時的週期交互循環，直到甦醒。那麼，快速動眼睡眠和非快速動眼睡眠有什麼差別呢？

快速動眼睡眠是處於「腦部清醒，但身體入睡」的狀態，眼球會快速活動，又可以取Rapid Eye Movement的第一個字母稱為REM睡眠。這個狀態接近腦波模式清醒的狀態，很容易做夢。

從快速動眼睡眠時的腦部狀態，可以發現輸入腦部的血流量較多，大腦皮質正在活動。另一方面，大腦皮質也會持續對腦幹和脊髓的運動神經核下達抑制指令，所以肌肉活動較低落。

非快速動眼睡眠是處於「腦部熟睡，但感覺器官和肌肉正互相連結」的狀態。在這個睡眠週期間沒有快速眼球運動，對於消除腦部疲勞的效果特別好。

這時，副交感神經處於優位，血壓、脈搏、呼吸、腦溫都會下降，生長激素的分泌則會增加。

非快速動眼睡眠的四個階段

非快速動眼睡眠，根據腦波的差異可以分成四個階段。第一階段是「半睡半醒」的淺眠狀態，腦波的α電波在五〇％以下，一接受外來的刺激就會馬上清醒。第二階段會出現類似β電波的睡眠紡錘波，呼吸均勻，不易對外界刺激產生反應。第三、四階段，低頻率的θ電波、δ電波所占的比例不同，但都屬於深層睡眠，即使被人呼喚名字也不容易甦醒。第三、四階段的睡眠會出現電波起伏較大的一～三赫茲腦波（慢波），屬於深層睡眠，又稱作慢波睡眠。

在第三、四階段的睡眠期間，用言語表達的陳述性記憶會逐漸固定；在快速動眼睡眠期間，用身體記住的內隱記憶則會逐漸固定。

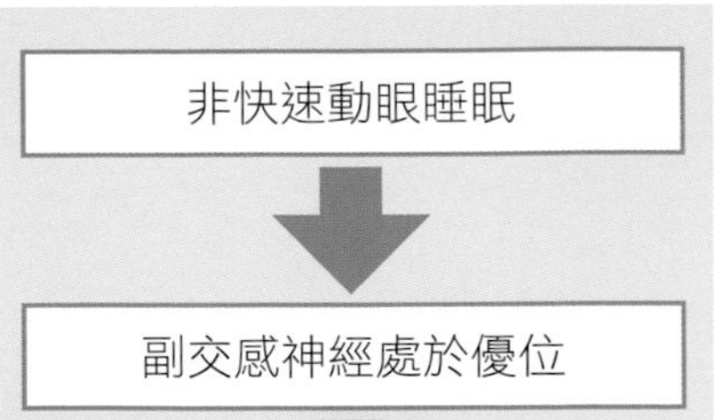
非快速動眼睡眠
副交感神經處於優位
血壓、脈搏、呼吸、腦溫下降，生長激素的分泌增加

顳葉聯合區的功用

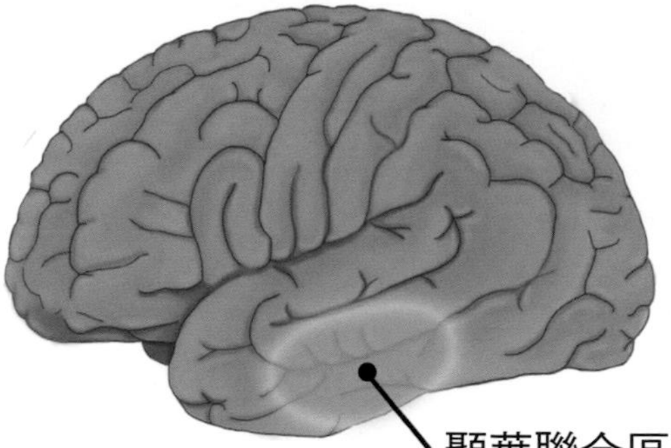

【顳葉聯合區的功用】

負責處理視覺聯合區、聽覺皮質傳送過來的資訊。
腦內收集到的形態資訊，會被當成視覺資訊傳送到顳葉聯合區，串連在一起。
以這種方式塑造出視覺形象，就是顳葉聯合區的工作。

做夢和顳葉聯合區

我們人類所做的夢，幾乎都是視覺上的夢境。我們的夢絕大多數都出現在快速動眼睡眠期間，用顳葉聯合區觀看。

顳葉聯合區的功能是負責處理形狀和色彩的認知、記憶、聽覺等視覺聯合區和聽覺皮質傳來的資訊，再送到額葉聯合區。

做夢的原理

做夢的原理，是我們在清醒狀態下，從眼球視網膜進入的資訊，經過負責中繼處理視覺資訊的外側膝狀體（視丘的一部分），傳送到大腦皮質枕葉部位的初級視覺皮質。然後，資訊會再送到頂葉聯合區和顳葉聯合區，記憶下來。顳葉聯合區又有記憶儲藏庫之稱，會與其他聯合區密切交換資訊，是與感覺認知的狀態有深入關聯的區域。此外，顳葉還包含聽覺皮質與韋尼克語言區。

這個原理的其中一個根據，就是在一九五八年，潘菲爾德對一名因顳葉障礙而引發重度癲癇的病患所做的研究。他朝病患的顳葉施加了微弱的電流刺激，結果病患想起了以前曾經歷過的生動記憶，而且是接二連三地想起這些經驗。於是，這項研究便成為顳葉是記憶中心的論述根據之一。

順便一提，初級視覺皮質向頂葉聯合區和顳葉聯合區傳送視覺資訊的過程各不相同，關於「在哪裡」、「往哪裡」的空間資訊會傳到頂葉聯合區；關於「有什麼」這類形態相關的視覺資訊，則是送到顳葉聯合區整合。與做夢相關的部位，主要是大腦邊緣系統、頂下小葉、枕顳內側回，大腦基底核和腦幹，負責提供視覺影像的則是顳葉聯合區。

做夢的原理

■清醒時
↓眼球的視網膜↓外側膝狀體
↓大腦皮質的初級視覺皮質（枕葉）

・頂葉聯合區會記憶「在哪裡」「往哪裡」這類與空間相關的資訊
・顳葉聯合區會記憶「有什麼」這類與形態相關的視覺資訊

■睡眠中
顳葉聯合區會提供視覺影像

做夢的起因

腦部會從哪個時間點開始做夢呢？其實有個可以觸發夢境的物質。那就是透過副交感神經和運動神經傳遞刺激的神經傳導物質當中，發揮重大作用的乙醯膽鹼。這個物質是從腦幹的橋腦分泌出來，有引起快速動眼睡眠的作用。

腦部活動狀況的變化

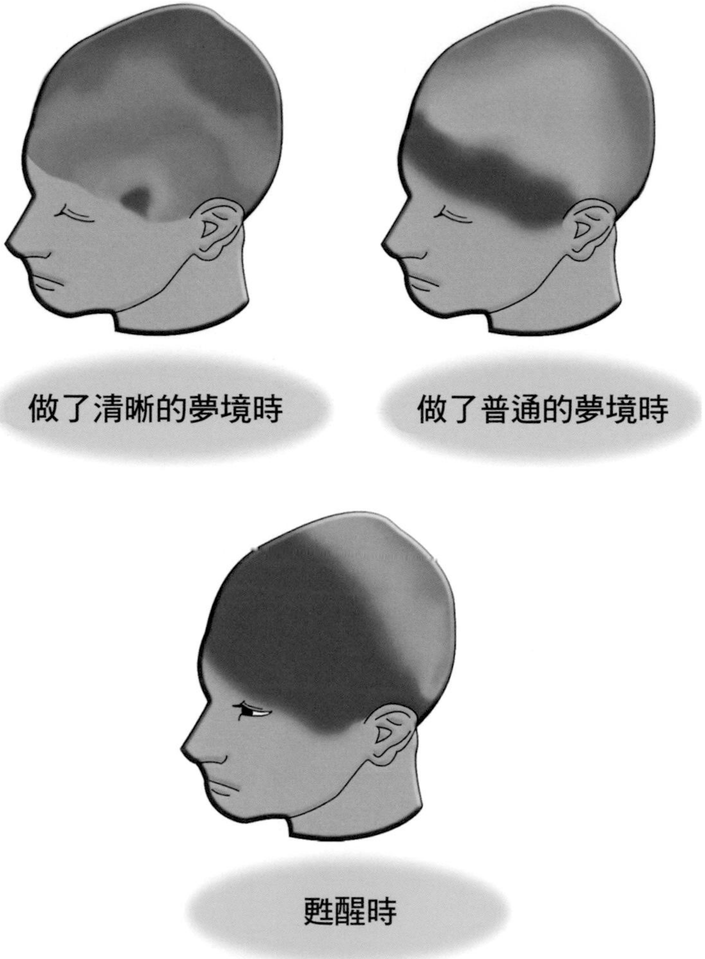

顏色愈接近藍色，活動愈微弱，
愈接近紅色則是愈活化。

夢的內容與額葉聯合區

夢境是記憶的片段隨機羅列、拼湊出異想天開的故事。這是因為理性抑制了掌控邏輯思考的額葉聯合區（睡眠）的緣故。

額葉聯合區會抑制情緒、做出有邏輯的判斷、整理五感傳來的資訊、對照檢查即將輸出的資訊和其他資訊，掌管高度的精神活動。額葉聯合區在睡眠狀態中，不會在夢裡發揮檢測的功能，所以夢境的內容才會如此出奇。

就像這樣，在快速動眼睡眠中，大腦裡有活動特別活潑的部分，也有活動受到抑制的部分。

換句話說，背外側前額葉皮質等負責將事物對照現實、進行邏輯思考和判斷的部位作用會變弱；同時，前扣帶皮質等負責控制受本能、直覺驅使的情緒的部位，作用就會變強。

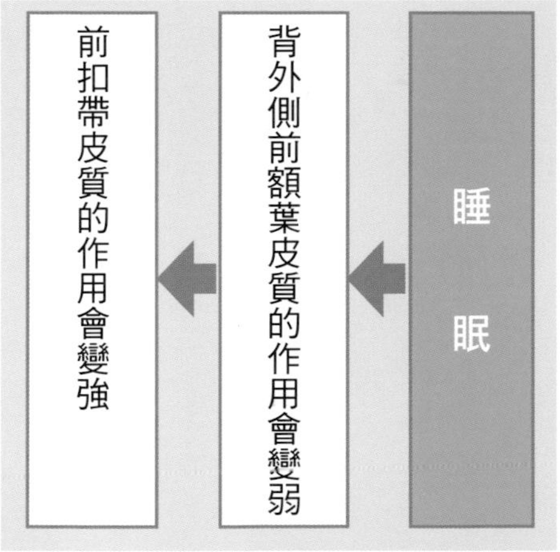
睡眠
背外側前額葉皮質的作用會變弱
前扣帶皮質的作用會變強

做夢時發揮功用的兩條迴路

正在做夢或體驗幻覺的腦，會有兩條迴路發揮作用。其中一條會和清醒時一樣驅動大腦皮質，配合外來的刺激和生理現象引發神經活動。另一條則是會遏止「眼球運動相關運動神經」以外的運動神經。幸好有這個遏止作用，我們才不至於將夢中異想天開的行為，像是奔跑、飛天、逃竄、跳下懸崖這些動作付諸實行。這個在快速動眼睡眠中為「眼球以外的運動」踩煞車的功能，就來自腦幹的網狀結構、藍斑核。

創意的泉源

然而沒有條理、支離破碎的夢，絕非毫無意義。

這些夢境導出大發明和大發現、成為藝術創造力泉源的例子，多得不勝枚舉。比方說十九世紀的德國化學家凱庫勒（August Kekulé），就是夢見一條蛇銜住自己尾巴、形成環狀的夢，才發現並釐清了苯的環狀結構，促使有機化學的領域大幅發展。

睡眠時的腦內

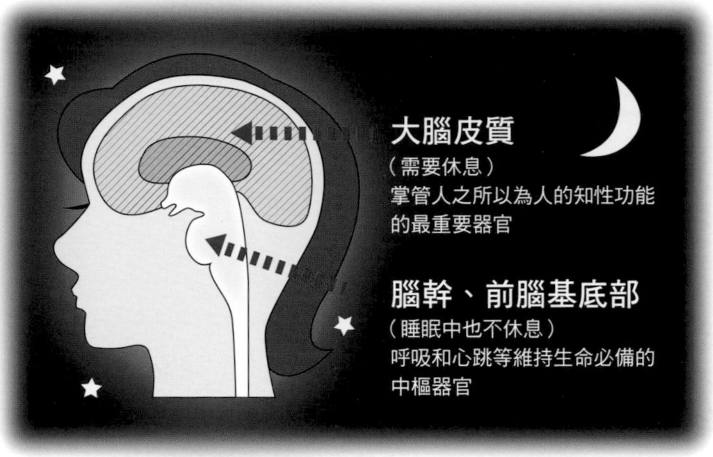
大腦皮質
（需要休息）
掌管人之所以為人的知性功能的最重要器官
腦幹、前腦基底部
（睡眠中也不休息）
呼吸和心跳等維持生命必備的中樞器官

大腦皮質的功用

睡眠、甦醒、情緒
記憶、學習、思考
專注、情感、意志
自我意識等等

大腦皮質是神經細胞的集合體，會不停重複每日的睡眠、甦醒。
「情感、意志、自我意識」是源自於大腦皮質的反應。

腦幹的功用

- 維持生命
- 控制大腦的活動

睡眠是下視丘為了讓大腦休息而發揮的功用，與腦幹有密切的關聯。

記憶與睡眠

在睡眠中，幾乎所有運動系統都受到腦幹和前額葉皮質抑制，所以我們無法有意識地驅動身體。而且，五感傳送到大腦皮質的資訊也會暫時受阻。

在這個狀況下，睡眠中的腦內究竟在進行什麼作用呢？

這方面的研究近年持續進展中，其中最受矚目的是記憶與睡眠的關係。

根據各項研究結果，睡眠不僅可以維持學習與記憶，還能進一步固定為長期記憶，與鞏固記憶的功能密切關聯。

關係最密切的是睡眠深度

與學習、記憶關係最密切的就是睡眠的深度（睡眠階段），尤其是非快速動眼睡眠第三、四階段的慢波睡眠，和快速動眼睡眠。

研究結果發現，慢波睡眠能夠促進鞏固陳述性記憶（可用言語表達的記憶）；快速動眼睡眠則可以促進鞏固用身體記憶的內隱記憶等非陳述性記憶。

慢波睡眠
（非快速動眼睡眠的第3、4階段）
↓
促進鞏固陳述性記憶（可以用言語表達的記憶）

快速動眼睡眠
↓
促進鞏固用身體記憶的內隱記憶等非陳述性記憶

海馬迴在記憶發揮的作用

包含釐清地點等資訊的情節記憶，需要海馬迴發揮功能。海馬迴具有記憶地點的細胞，可認知空間。目前也有許多機構正展開海馬迴與睡眠相關的研究。

其中一項研究，是讓腦部預先記憶地點，調查海馬迴在慢波睡眠中的活動狀況。結果發現，地點記憶相關的細胞活化了。慢波睡眠期間，照理說大腦和海馬迴的功能也會因為睡眠而下降，所以目前還不清楚為何會有這樣的活動。

不過在最近的研究當中，已經證明人在清醒著活動時的學習記憶，會暫時儲存在海馬迴，等到慢波睡眠時再轉成長期記憶、傳送到大腦皮質。

情節記憶

將學習記憶暫時儲存於海馬迴
→ 在慢波睡眠中
→ 固定為長期記憶、傳送到大腦皮質

Column 3

談談腦與氧氣（之二）

腦充血代表腦正在活化？

在腦科學的領域，自1890年發現突觸的謝靈頓（Charles Scott Sherrington）博士等人的研究以來，已經可以觀察到腦中血液隨著腦細胞的活動而增加的現象了。但是到目前為止，我們卻始終無法得知，血液裡明明含有會導致大量活氧生成的氧氣，為什麼會過量傳輸到腦部呢。所以直到今天，我們一直都相信「腦部血流增加是因為腦正在活化」這個極為單純的定論（教條）。

於是，筆者我利用了腦內的氧氣交換反應理論，和自己研發的COE儀器，成功解答了這個問題。

順便一提，COE是我將1991年發現的用光檢測腦部功能的方法（NIRS），更進一步提升而成的技術，是一種光功能影像法。COE儀器是指在頭皮上將COE探針設置好入射角和受光角，以微弱的紅外光測量的裝置。

傳統的測量方法，只能測量會交換氧氣的微血管和神經細胞部位，無法選擇性測量。結果發現，靜脈上游發生了微血管血流增加反應，和靜脈下游的血液混雜現象（靜脈性下水道效果），因此才會認為「腦部活化了」。

但是，我再次使用傳統的方法，根據氧氣交換理論，只針對發生氧氣消耗反應的微血管，開始進行COE的實際測量，於是漸漸釐清了這個小小世界裡的氧氣反應從何而來。

我仔細觀察這個充血的狀況後，發現腦細胞並不是因為活化才會消耗氧氣，反而是一直處在無法妥善運用氧氣的狀態，所以才會發生只有血液不停增加的現象。

因為，微血管內的氧氣交換反應分成了兩種，一個是消耗氧氣的反應，另一個是不交換氧氣、直接通過微血管的反應。我將腦細胞順利交換氧氣的狀態，稱作「原力效應」，沒有交換氧氣的狀態則稱作「灌溉效應」。

發生原力效應時，腦部會活化。另一方面，在灌溉效應下，腦細胞處於無法妥善使用氧氣的狀態，所以並不會活化。

雖然過去總是將腦部血流增加視為腦部活化的狀態，但是筆者認為，實際上腦部血流增加不過是腦部消耗氧氣的結果罷了，血液只是發揮了供應氧氣的調節功能而已。

第 5 章

腦與身體調節的原理

～為什麼胃和心臟會動、血壓會上升、體溫會恆定？～

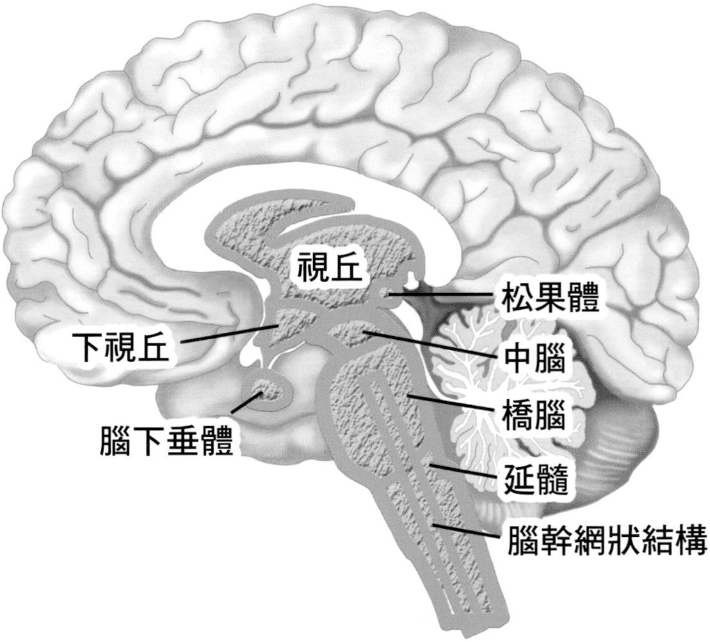

1 大腦基底核的運作原理

大腦基底核的構造

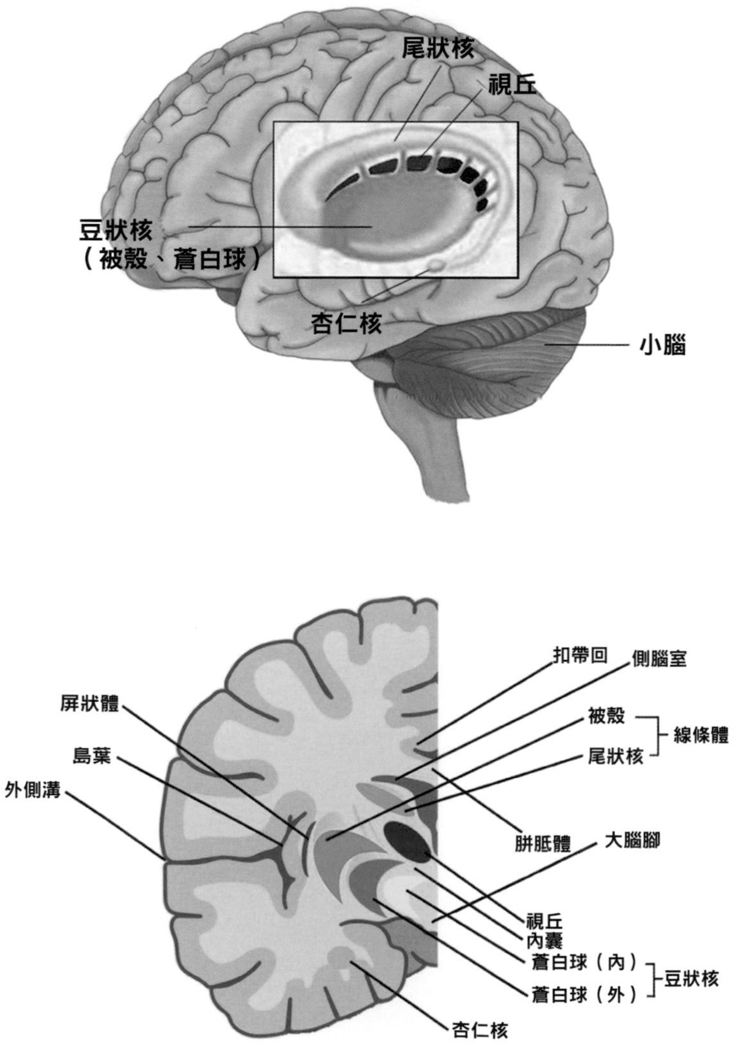

大腦基底核的功能

大腦基底核是位於大腦深處的灰白質部分，由線條體（包含尾狀核、被殼）、蒼白球、屏狀體、杏仁核所構成。它和運動有間接的關聯，為了讓目標運動做得更正確而進行微調，是與控制姿勢有關的部位。

其中大部分部位都具備運動調節功能，杏仁核會聯合下視丘，統合大腦邊緣系統（情感的形成、學習和記憶相關的部位）的功能。

輔助維持姿勢時最重要的「錐體束」

大腦基底核在運動相關的神經當中，負責輔助大腦皮質功能中樞之一的錐體束（延髓的錐狀束通過的路徑）。

它在我們根據自我意志和意圖活動身體（自主運動）時，以及無意識微調身體平衡時，都會發揮功用。

大腦基底核的運作，是當大腦皮質下達運動指令後，一部分指令會傳送到大腦基底核，如此一來，大腦基底核就會保持姿勢端正，同時透過視丘將全身流暢活動的訊號傳送至大腦皮質。

作為運動資訊通路的內囊

內囊是從大腦皮質的初級運動皮質延伸到脊髓的運動神經纖維，也就是作為運動資訊通路的重要部位，和自主運動有關。這個部位就位於大腦基底核和視丘之間的白質部分。

通過的神經纖維有連接大腦皮質和下位腦的上行神經纖維、下行神經纖維。

內囊的上方，是神經纖維束以放射狀分布的放線冠，朝向大腦皮質擴散；而下方是位於中腦，與大腦下側連結腦幹的大腦腳根部相連。

■運動神經纖維

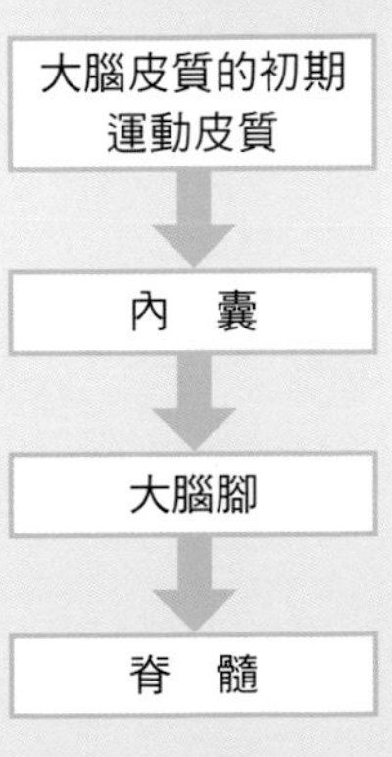

體感皮質定位

通過內囊的運動神經纖維，具有體感皮質定位關係（對身體各部位的規律排列）。只要其中一部分因為某些因素受損，身體的特定部位就會出現障礙。

例如腦出血造成內囊損傷，就會有八〇%的機率出現運動麻痺。這是內囊膝部到後腳有很多運動相關神經纖維通過而引發的障礙。

2 腦幹網狀結構的運作原理

腦幹的構造

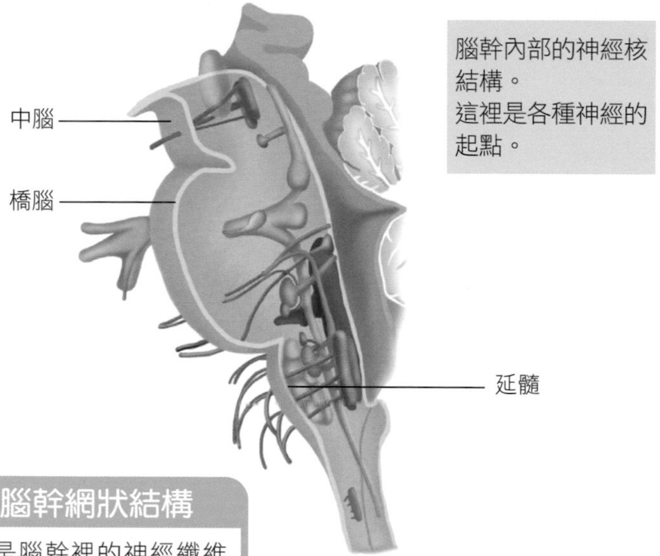

腦幹網狀結構

這是腦幹裡的神經纖維呈網狀的「神經系統」，遍及中腦、橋腦和延髓。具有下令肌肉緊繃和聯合運動、保持意識層級的作用。

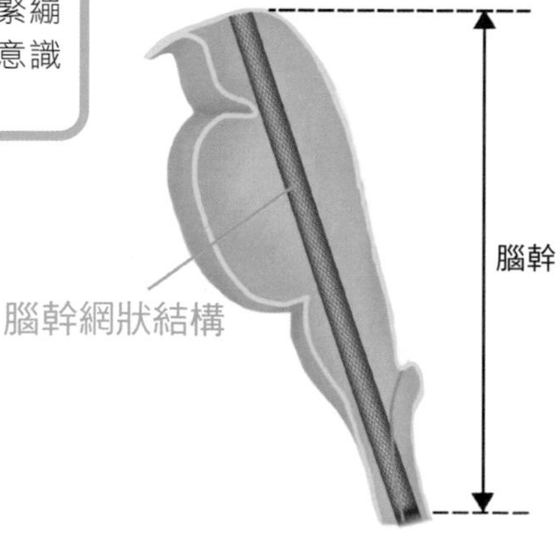

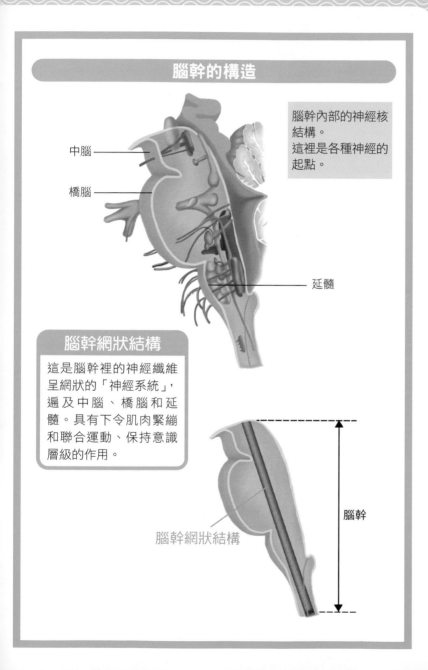

腦幹網狀結構的調整活動

第四章已經介紹過，腦幹全體都遍布著網狀結構。這是以網狀複雜通行的神經纖維網，以及分布在其間的神經細胞集團所構成的網路。因為看起來像網子，才稱作網狀結構。

腦幹網狀結構不僅是呼吸和血液的中樞，也與意識的調整和腦部全體功能的調整有密切的關聯。它主要負責統合後面這兩項調整活動。

調整意識層級

人類有好幾種能夠提高意識層級，也就是清醒程度的方法，而自然的甦醒是由腦幹的網狀結構所控制。散布在腦幹網狀結構中的神經元，會向大腦皮質伸出軸突。不同於一般的神經元結合，它會以遍布大腦整體的方式投射過去。接著，大腦皮質分泌會代謝出血清素、正腎上腺素、多巴胺等胺基酸的生物胺，來調整大腦皮質的活動層級。來自腦幹網狀結構的輸入一旦提高，大腦整體就會興奮起來、進入高層級的清醒狀態。當意識層級一提高，活動就會活化，能夠體驗的事物會變得更多、能做到更複雜的行為、能夠立論思考。

反之，從清醒狀態經過瞌睡狀態、抵達熟睡狀態時，意識層級會配合睡眠階段下降，行動範圍也會隨之縮限。

調整腦部的全體功能

神經元的軸突會透過突觸與其他神經元相接，連向大腦皮質及整個腦部，直達脊髓，形成大範圍的網路。各個神經元都是藉由腦內十萬個以上的突觸彼此相連，所以能夠傳遞資訊、釋放神經傳導物質。神經傳導物質是神經元在細胞內生成的化學物質，種類多達一百種以上。腦幹裡的各種網狀結構，就是以這種方式釋放出神經傳導物質，藉此調整腦部全體的功能。

這裡就來舉個例子，介紹大範圍分布在腦部的正腎上腺素神經元。

這種神經元會從橋腦的網狀結構裡的藍斑核伸出軸突，延展到大腦皮質、間腦、小腦、中腦、脊髓，讓分支遍布整個中樞系統。而它釋出的神經傳導物質，與一般只會釋放在突觸間隙的物質不同，會在釋放後大範圍擴散、對許多神經元產生作用。

神經元就是藉由這種方式，影響疼痛、不安、心情、學習、記憶等各式各樣的腦部功能。

3 中腦的運作原理

中腦的構造

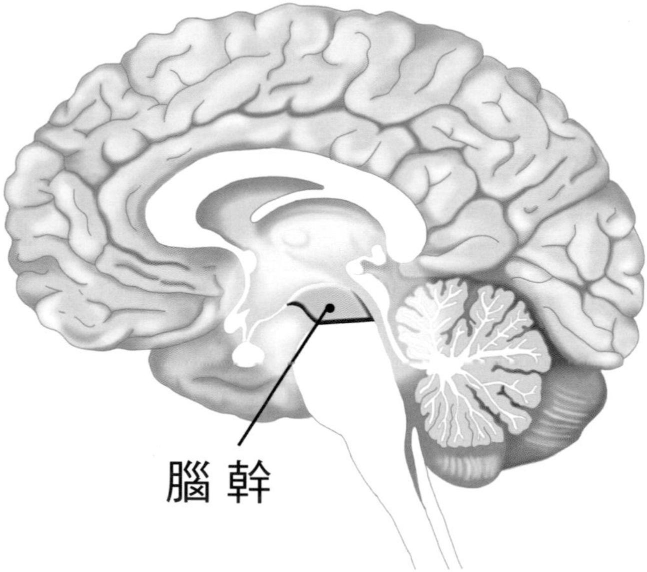

中腦

屬於腦幹的一部分，上方連接間腦、下方連接橋腦。連結大腦、脊髓、小腦，是維持身體平衡感和姿勢的中樞，影響視覺反射作用、眼球運動的反射中樞，也是接收聽覺刺激後反射性引發眼球和身體運動的中樞。

與無意識運動的神經系統和有密切關聯

我們不知不覺坐著打瞌睡時，「點頭」後身體姿勢幾乎要失衡，卻又能自然地恢復原本的姿勢。這個能夠保持同一個姿勢的功用，就是中腦的其中一個功能。它與無意識運動的神經系統有密切的關聯，才能做到這種身體動作。

中腦位於間腦和橋腦之間，呈上下短小的構造。背面的中腦頂蓋有四個隆起，上方的一對稱作上丘，下方那一對稱作下丘。上丘和下丘會各別朝上外側延伸出纖維束，作為通往間腦的上丘臂和下丘臂。

中腦被蓋包含了滑車神經和動眼神經的起始核，還有不自主運動（與自我意識和意圖無關的自動動作）相關的紅核、與意識的機制有關的網狀結構。

滑車神經和動眼神經的起點

能讓眼球流暢轉動的滑車神經源自於下丘下方，動眼神經則是源自腹側。

滑車神經會控制眼外肌的上斜肌，它是從中腦的滑車神經核延伸出來的神經纖維。動眼神經也是能夠驅動眼球的神經，源自中腦動眼神經核的細胞。

尤其是動眼神經，主要控制了附著在眼球上的六條眼外肌中的上直肌、下直肌、內直肌、下斜肌這四條肌肉，以及負責眼瞼活動的提上瞼肌。

出入橋腦背部神經核的外展神經，控制了使眼球朝外轉動的外直肌。動眼神經可以調節當光線進入眼球時，使瞳孔收縮的對光反應與眼睛的遠近焦距。

■光線進入眼睛的調節路徑

中腦的動眼神經核

↓

動眼神經（控制運動神經纖維／眼外肌的上直肌、下直肌、內直肌、下斜肌這四條肌肉與提上瞼肌）

↓

瞳孔收縮、調節眼睛的遠近焦距

前庭耳蝸神經的通道

聽覺具有從耳朵傳入的聲音，通過前庭耳蝸神經傳送到顳葉的初級聽覺皮質的作用。前庭耳蝸神經是由顳骨內的前庭神經和耳蝸神經組成的混合神經，是傳達平衡感和聽覺的神經。

4 橋腦的運作原理

呼吸調節和顏面神經起點的「橋腦」

橋腦的部位

橋腦

腦幹中位於中腦和延髓之間的部分。包含廣泛分布於臉部的三叉神經、外展神經、顏面神經、聽神經等許多腦神經核。

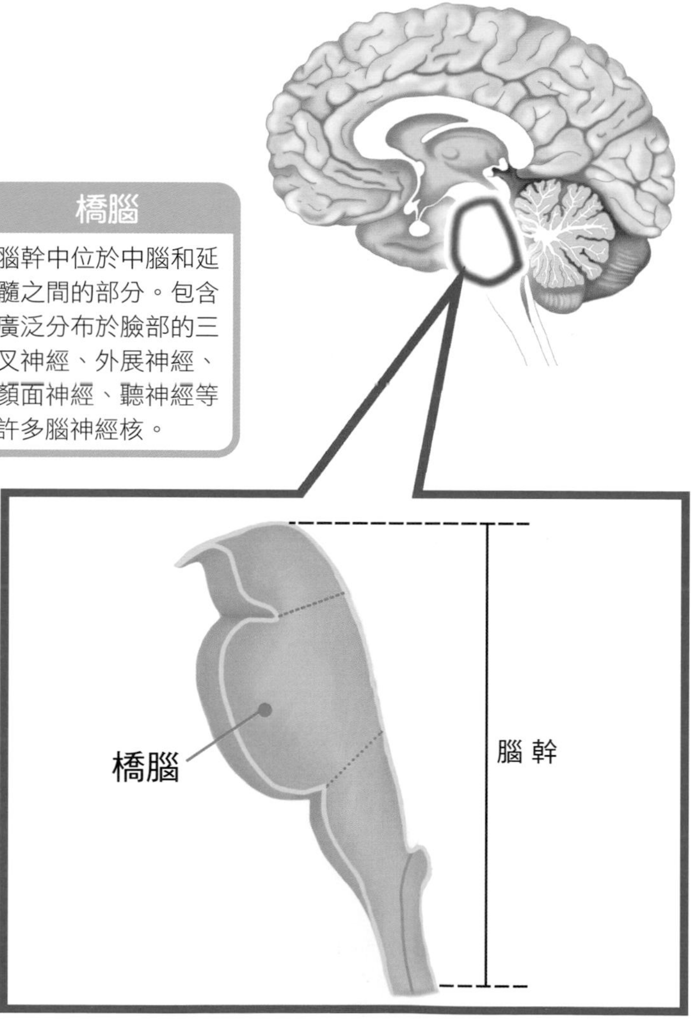

控制規律的呼吸

規律的呼吸是由呼吸中樞所控制。而負責調節呼吸中樞的呼吸調節中樞，就位在屬於腦幹一部分的橋腦。

哺乳類的特徵是橋腦與延髓有別，尤以人類的橋腦最為發達。橋腦位於延腦和中腦之間，小腦的腹側。橋腦的腹側遍布著橫向的神經纖維束，這些神經纖維束就是連接橋腦和小腦的中小腦腳。

橋腦的構造

橋腦的腹側面中央，有腦底動脈通過。橋腦腹側部呈現明顯的隆起，這是高等動物才有的特徵，因為從大腦皮質延伸到橋腦的大量神經纖維群往下伸展，橋腦腹側部也隨著大腦一起變得發達，所以才呈現這種形狀。

包含顏面神經等許多神經核

橋腦的功能有很多，其中之一是通過將大腦皮質下達的運動相關指令傳到小腦的路徑，來控制全身的肌肉。

源自橋腦的顏面神經遍布臉部，控制表情肌的運動。順便一提，顏面神經不只是控制表情肌，也經由副交感神經，支配淚腺、頜下腺、舌下腺等腺體的分泌，此外也控制傳遞舌頭前方三分之二味覺的味覺纖維。

除此之外，橋腦還包含了三叉神經核、前庭耳蝸神經核、外展神經核。

從橋腦延伸出來的三叉神經，是最大的腦神經，由感覺纖維的感覺根和運動纖維的運動根所構成。從橋腦伸出的感覺根形成了三叉神經節，延伸出三條分支，成為眼神經、上頜神經、下頜神經，廣泛接收來自額頭、鼻腔、臉頰、嘴唇、齒槽的顏面感覺。

分布在鼻黏膜的三叉神經可以感知到刺激性氣味，具備透過不同於嗅神經的路徑傳導至腦部的功能。

■三叉神經的結構

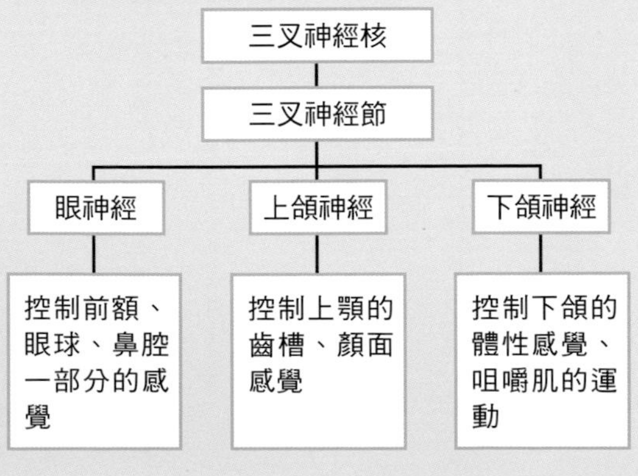
三叉神經核
三叉神經節
眼神經
上頜神經
下頜神經
控制前額、眼球、鼻腔一部分的感覺
控制上顎的齒槽、顏面感覺
控制下頜的體性感覺、咀嚼肌的運動

5 延髓的運作原理

延髓的構造

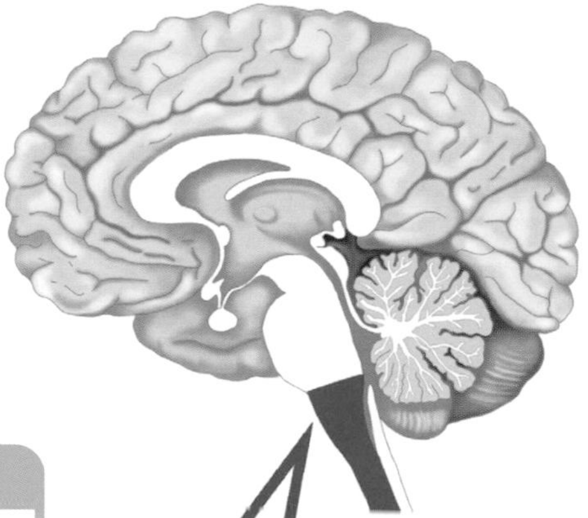

延髓

延髓位於後腦勺和頸部的交界，被顱骨和頸椎覆蓋著。

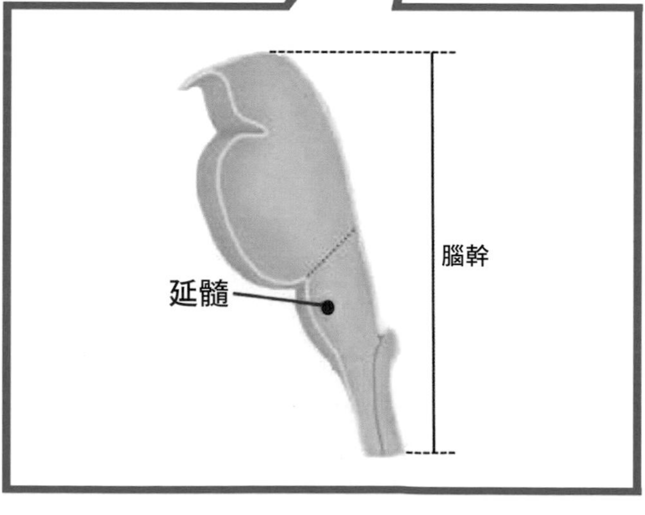

維持生命的中樞迴路

延髓是一生都不會休眠的腦部，位於腦幹的最下方，與脊髓相連。脊髓以上的部分稱作腦幹，但延髓和脊髓並沒有明確的界線，而延髓外形稍微膨脹。這裡是呼吸中樞、調節心跳和血壓的心臟中樞，又稱作維持生命的中樞迴路。

舌咽神經和迷走神經

來自延髓的舌咽神經（傳達知覺、運動、味覺的運動神經，與知覺神經、副交感神經的混合神經），延伸到舌頭後方，負責控制與味覺有關的味蕾，以及舌後方的觸感。

控制心臟和消化系統的迷走神經（控制範圍涉及頭部、頸部、胸部、腹部的腦神經當中分布範圍最廣的神經），則是控制分布在腭與咽頭的味蕾。

來自這些味蕾的資訊，會將每個味道傳送到延髓的孤束核（內臟感覺、味覺等中繼神經核）。

送達孤束核的資訊，會通過兩條路徑傳送到大腦的味覺皮質。第一條路徑與味覺引起的顏面表情、唾液和消化液的分泌有關。第二條路徑則是傳到以味覺資訊為上位的中樞神經。然後資訊會在大腦裡匯合，認知成味覺。

味道的認識

迷走神經、舌咽神經（舌後1／3）、顏面神經（前2／3）
→ 控制味蕾
→ 味蕾獲取味覺資訊，並傳送至孤束核
→ 腦部的味覺皮質（第一路徑）、味覺資訊傳送至上位中樞神經（第二路徑）
→ 大腦將資訊認知成味覺

控制吞嚥、噴嚏、咳嗽、咀嚼、嘔吐

延髓還包含控制咽頭肌肉與喉部發聲肌群的疑核。疑核可驅使喉部活動，屬於舌咽神經和迷走神經的一部分，在吞嚥和吐出食物和飲料時，可促進呼吸系統呼吸。延髓還包含控制頸部和背部斜方肌與胸鎖乳突肌的副神經，以及控制舌頭動作的舌下神經核，這些部位涉及吞嚥、噴嚏、咳嗽、咀嚼、嘔吐等。

這些維持生命必需的中樞都集中在延髓，因此延髓一旦受損就可能會致命。

6 視丘的運作原理

體性感覺、控制姿勢和運動的中繼點「視丘」

視丘的構造

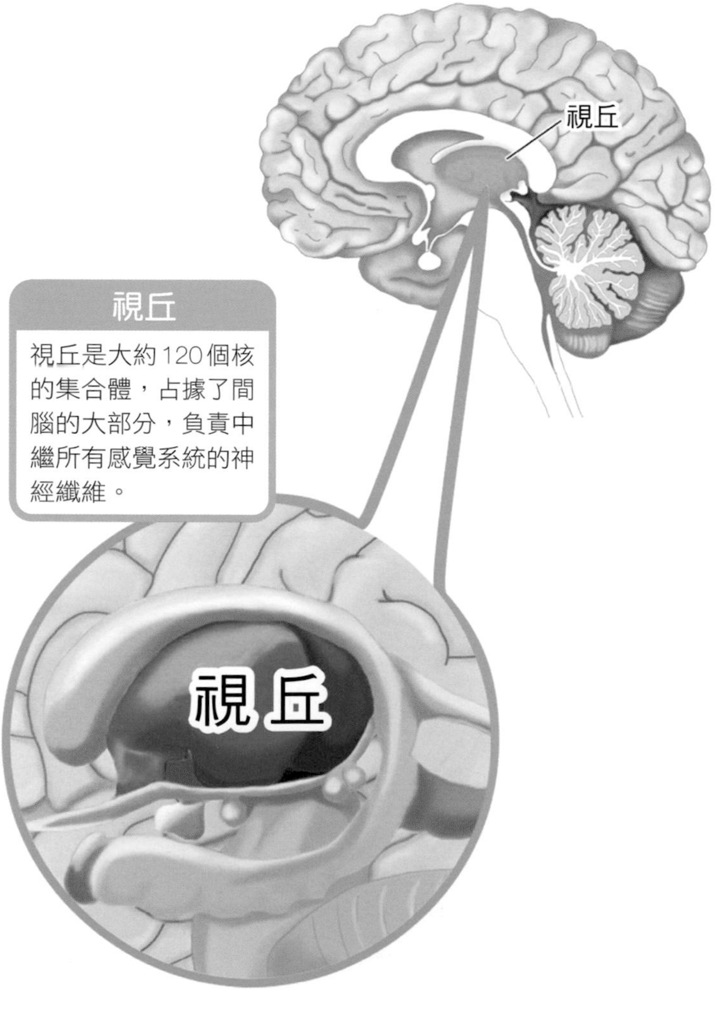

視丘

視丘是大約120個核的集合體，占據了間腦的大部分，負責中繼所有感覺系統的神經纖維。

約一二〇個核的集合體

視丘是占據了大部分間腦的部位，負責接收嗅覺以外的所有感覺系統神經纖維、傳送到對應的大腦感覺皮質。

視丘的輸出路徑稱作視丘皮質束。視丘是神經核的集合體，包含大約一二〇個神經核。

視丘的功能可以歸納出三種，①感覺中繼、②小腦和大腦基底核傳來的運動資訊中繼，以及③維持意識。

除此之外，它也和情感的作用有關，其中亦有多個神經核接收感性以外的資訊、聯絡大腦皮質。

腹前側核與腹外側核

視丘當中的腹前側核與腹外側核，會接收小腦和大腦基底核傳來的資訊，聯絡大腦皮質的運動區，發揮控制姿勢和運動的重要功能。

■姿勢、運動的控制

小腦的小腦核 → 腹前側核 → 大腦皮質的運動區和運動前區

■體性感覺

軀幹四肢的資訊 → 腹後側核 → 大腦感覺皮質

從各個核的個別功能來看，腹外側核會將小腦神經核傳來的資訊送到大腦皮質的運動區和運動前區，是小腦控制運動的重要中繼點。

作為體性感覺中繼的腹後側核，是傳送從脊髓上行的軀幹四肢資訊的中繼點。而這裡出現的神經元，會透過內囊的後腳，聯絡大腦感覺皮質。

也就是說，軀幹、四肢的感覺是藉由腹後側核中繼，通過內囊傳送到大腦感覺皮質。

頭部的觸覺和痛覺、溫覺的中繼

頭部感受到的細微觸覺、痛覺、溫覺，會在腹後側核中繼，由神經元接續、通過內囊傳送到大腦感覺皮質。

7 松果體的運作原理

分泌出調節晝夜節律的荷爾蒙

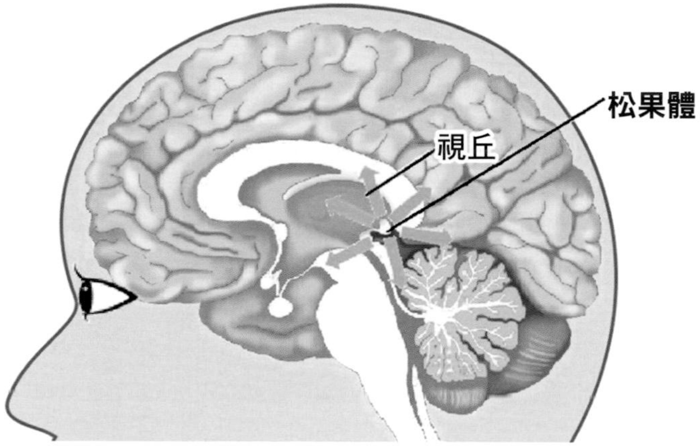

松果體

位於腦中央、兩個大腦半球之間，夾在兩個視丘結合而成的溝槽內，外表呈紅灰色，大小約8㎜。

褪黑素

調節生理時鐘、促進睡眠。
夜間分泌量增加。

上視丘和松果體

上視丘位於第三腦室後壁、視丘的背部。這個部位是由韁、韁核、松果體、後連合所構成。

其中的松果體，是長約八公釐、直徑約五公釐的小內分泌腺，會分泌出容易促進睡眠的褪黑素（神經傳導物質）。從位置上來看，松果體是從間腦上蓋往上延伸的袋狀凸起部分，由多種細胞構成，但功能尚未完全釐清。

人的成長與松果體

松果體直到七歲以前都會不斷發育長大，但是進入青春期後就會開始縮小，到了青年期會出現組織學上的退化傾向。這是因為，松果體生成的褪黑素具有抑制促性腺激素釋放的作用，小孩腦內大量的褪黑素可以抑制性功能發達。但是到了青春期後，褪黑素的分泌量就會逐漸減少，反而使促性腺激素的分泌大量增加。能夠證明這個原理的事例，就是松果體一旦受損，就會導致性早熟（早發性青春期）和性腺肥大。

■松果體的成長

從出生到七歲會愈長愈大

←

進入青春期後開始縮小

←

到了青年期後，開始出現組織學上的退化傾向

成人以後，鈣化物會形成球狀的凝塊堆積在腦中，並隨著年齡而增加（稱作腦砂）。

血清素和褪黑素

松果體包含血清素、褪黑素等物質，這些荷爾蒙的分泌量和其他動物一樣，會隨著日照的變化而出現晝夜節律。

順便一提，血清素除了來自松果體以外，也大量存在於血小板和扁桃腺中，當腦內的血清素一減少，就會引發不安、睡眠障礙、憂鬱等症狀。褪黑素是調節生理時鐘的荷爾蒙，除了可以抑制生殖腺發達以外，也有促進睡眠的作用，會在明亮的白天減少分泌，而在夜間增加分泌量。

8 下視丘的運作原理

下視丘的構造

下視丘

這裡是控制自律神經的綜合中樞，是維持生命幾乎不可欠缺的部位。日夜不眠不休持續調整各個內臟的狀態。會對精神創傷即時反應。

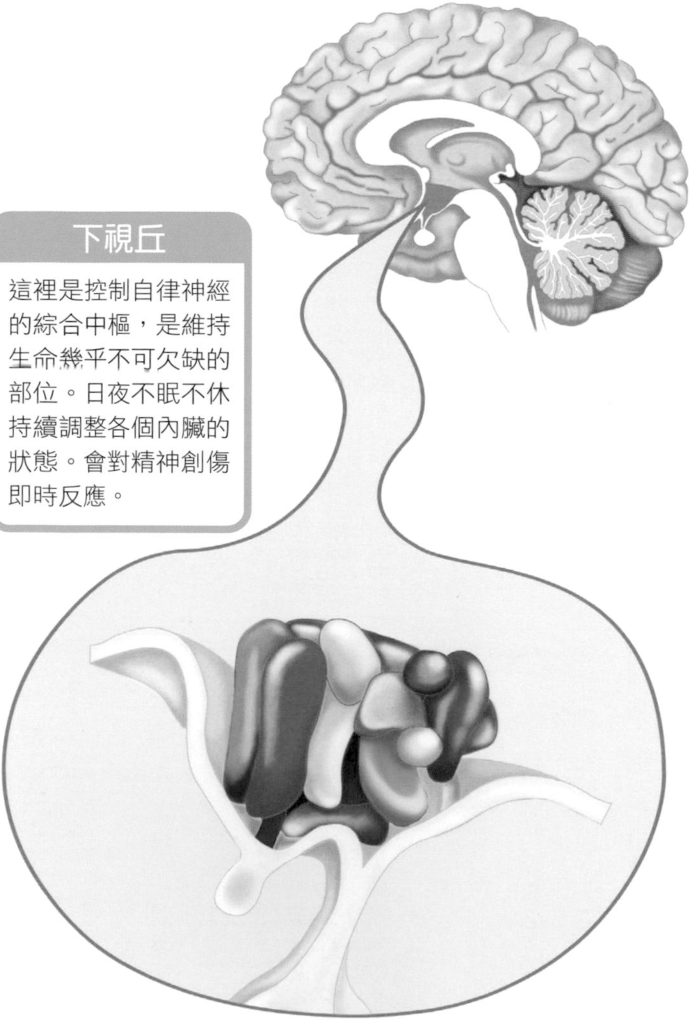

控制自律神經

炎熱時，皮膚流汗可以使體溫下降；寒冷時，皮膚隆起、堵塞汗腺可以避免身體散熱。

這種與人類的意志無關、為身體保持一定狀態的，就是自律神經。也就是說，自律神經的作用主要是根據反射來調節，不眠不休地調整各個內臟的功能。

負責控制自律神經的是下視丘。下視丘又與下垂體（腦下垂體）合作控制內分泌系統的功能。下視丘是個重量僅四公克的小型器官，卻能同時整合自律神經和內分泌的調節系統。

自律神經的功用

調節新陳代謝、體溫、消化、呼吸性功能、血壓的自律神經，是由交感神經和副交感神經這兩個系統所構成。

交感神經會提高心跳次數和血壓、促進發汗、增加骨骼肌的血流、血管收縮等等，使身體處於緊繃／活動的狀態。交感神經的這些作用可以用「鬥爭和逃跑」來形容。反之，副交感神經會降低血壓和心跳次數、活化腸胃活動、睡眠等等，使身體處於安靜休眠的狀態，屬於掌管「休息和消化」的系統。

人類的交感神經是源自脊髓，副交感神經則是源自中腦、橋腦、延髓的腦神經核的迷走神經與脊髓最下部（薦脊髓）的骨盆神經。相對於這些自律神經末梢路徑的上位中樞，是延髓和下視丘。這裡負責統合交感和副交感神經系統。

下視丘的視交叉上核，會形成快速動眼睡眠和非快速動眼睡眠、甦醒等生物節律。

■交感神經

源自脊髓的胸到腰的部分（胸髓、腰髓）

作用：提高心跳次數和血壓、促進發汗、增加骨骼肌的血流、血管收縮等

■副交感神經

源自中腦、橋腦、延髓的腦神經核的迷走神經＋脊髓的最下部（源自薦脊髓的骨盆神經）

作用：降低血壓和心跳次數、活化腸胃活動、睡眠等

對壓力和精神上的變化很敏感

下視丘看似是個掌管生命的強大器官，但它對壓力和精神上的變化十分敏感，一下就會導致自律神經失調、荷爾蒙分泌失調。如果覺得身體不舒服，最好還是好好睡一覺。

9 下垂體的運作原理

下垂體荷爾蒙及其作用

下垂體的部位	荷爾蒙的種類	作用
前葉	生長激素	身體成長、修復受損的肌纖維。促進肝臟、肌肉、脂肪等內臟的代謝。
	促甲狀腺激素	刺激甲狀腺。
	催乳素	刺激乳房、促進乳汁生成。
	促腎上腺皮質素	刺激腎上腺皮質。
	黃體成長激素（促性腺激素的一種）	刺激睪丸、卵巢及生殖器官。
	濾泡刺激素（促性腺激素的一種）	刺激睪丸、卵巢及生殖器官。
中葉	黑色素細胞刺激素	刺激黑色素細胞、促進褪黑素分泌。
後葉	縮宮素（催產素）	會在分娩的最後階段釋放於腦內，促進子宮收縮、哺乳。
	抗利尿激素（血管加壓素）	控制腎臟的作用、調整水分。

下垂體的功能

下垂體會分泌維持生命所需的荷爾蒙。下垂體即下視丘以漏斗狀鼓起的部分（前下端部分），是大小約為一〇公釐×一三公釐×六公釐的橢圓體，重量只有〇・六公克左右。它的結構分成前葉、中葉、後葉這三個部分，各自分泌出不同的荷爾蒙。

分泌的方式有兩種，前葉和中葉是各個分泌細胞各自分泌；後葉的荷爾蒙則是在下視丘的神經細胞內生成、通過軸突（神經細胞伸出的細長凸起）內傳送到後葉，再從軸突末端直接分泌在血液中（神經分泌）。

下垂體的荷爾蒙分泌，與自律神經中樞的下視丘有密切的關聯，它會根據指令分泌荷爾蒙，將身體保持在一定的狀態。

下垂體荷爾蒙的種類

下垂體荷爾蒙會從前葉分泌出六種、中葉分泌出一種、後葉分泌出兩種，合計共九種荷爾蒙。

前葉和中葉是由腺組織構成，負責生成保持體內平衡的荷爾蒙。例如，生長激素是身體成長和修復肌纖維必備的荷爾蒙，但它並不是二十四小時分泌，分泌量也不固定，多半在睡眠時分泌。前葉還會分泌出促甲狀腺激素、濾泡刺激素等與生長和生殖有關的各種荷爾蒙。中葉則會分泌出黑色素細胞刺激素。

後葉是由神經組織構成，與前葉不同，並不會主動分泌荷爾蒙，而是接收下視丘神經分泌細胞生成的荷爾蒙、儲藏起來。後葉一受到來自下視丘的神經刺激，就會在血液中釋出催產素和血管加壓素。

催產素是在分娩的最後階段釋放的荷爾蒙，能夠發揮使子宮收縮、促進哺乳的作用。

■下垂體的荷爾蒙分泌機制

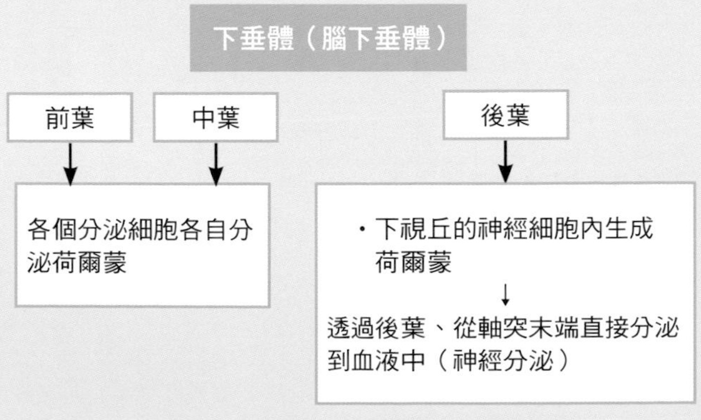
下垂體（腦下垂體）
前葉
中葉
後葉
各個分泌細胞各自分泌荷爾蒙
・下視丘的神經細胞內生成荷爾蒙
透過後葉、從軸突末端直接分泌到血液中（神經分泌）

Column 4

談談腦與氧氣（之三）
打造可以妥善運用氧氣的「氧氣腦」

人在感覺到「腦袋放空」時，大部分都是起因於腦部供氧不足。

我們在使用頭腦時，一定需要「氧氣」。腦的神經細胞活動和氧氣的消耗，就像汽車的車輪一樣會同時轉動；換句話說，當人感覺到腦部轉不動時，就等於是沒有妥善運用氧氣。

腦部表面的各個區域都有不同的功用。如果要詳細了解腦的哪個部分發揮什麼功用，可以運用「光功能影像法」（COE）。這個方法在專欄「談談腦與氧氣之二」也提過，是用微弱的紅外光測量微血管內的氧氣消耗與供給的狀況（氧氣交換功能），是將腦內的氧氣消耗狀況「可視化」的劃時代方法。

舉例來說，當我們在學習某個知識時，血液和氧氣會聚集到記憶和學習相關的部位（腦區）；當我們找不出問題的解答、學習不順利的時候，腦部雖然有充足的血液，卻無法有效率地消耗氧氣。

腦部處在這個「看不懂」的狀態時，就是氧氣不被需要、直接通過腦部的結果，我們才會陷入腦袋轉不動（思考力、記憶力下降）的狀態。

那麼，該怎麼做才能避免發生這種情形呢？

首先，第一步是要掌握自己的腦部活動程度。建議大家可以去做「腦耗氧檢查」，掌握自己在與人對話時腦部的耗氧狀態，以及做精密的手工作業時、思考時的腦部耗氧狀態。透過這項檢查，也能了解自己擅長與不擅長的領域。

此外，如果是沒有時間檢查，或是無法前往檢查院所的人，可以感受一下自己的腦部運用氧氣的狀態，加深這股自覺，這一點非常重要。腦的構造會因為日常生活中的感受方式和經驗而逐漸改變，從這一點來看，感受腦部正在運用氧氣的狀態，就是邁向「氧氣腦」的第一步。

第 6 章

腦部成長與伴隨老化而來的疾病原理

～人為什麼會愈來愈健忘？～

1 腦部老化的原理

腦部重量隨著年紀增長的變化

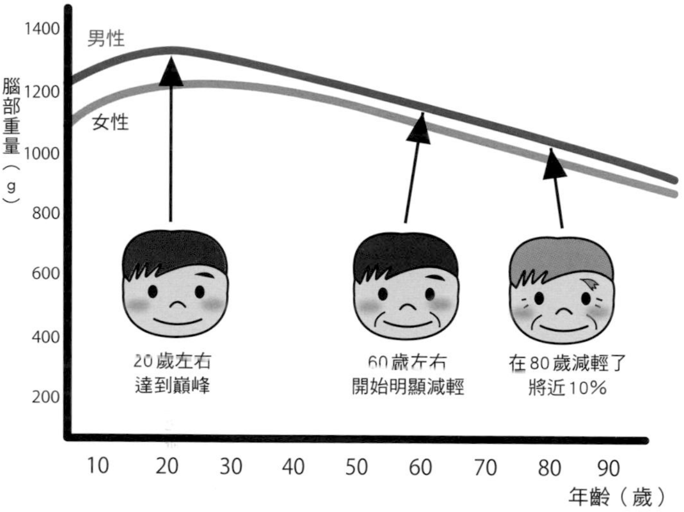

腦部重量會隨著年齡減少

腦部的重量會從60歲之初就開始逐漸減少。等到70～80歲時，與年輕時相比，重量大約少了5～10%；過了80歲後，則是少了將近10%。不過在所有內臟當中，腦部的重量減少比例屬於較少的。

人的腦細胞會隨著年齡增長而減少，血液循環速度下降，腦部組織會逐漸萎縮、變輕。所以人在年紀增長後，腦部的重量才會慢慢減少。

成人的腦重量會逐漸減少

人類腦部的重量會在一生中大幅變化。新生兒的腦重量約為四百公克，隨著身體成長，腦重量也會增加。女性的腦重量會在十八歲時達到巔峰，重量為一二〇〇～一二五〇公克；男性的巔峰在二十歲左右，約為一三五〇～一四〇〇公克。也就是剛出生時的三倍以上。

腦重量增加並不是因為神經細胞增加。神經細胞的數量會減少，但因為每一個細胞都愈長愈大，增加更多軸突和樹突等神經纖維，所以腦重量才會增加。

當腦重量達到巔峰後，之後就會隨著年齡增長而緩慢減輕。大約在七十～八十歲左右，腦重量會比巔峰時期減輕了五～一〇％；年過九十以後，甚至會減輕一〇％以上。

腦神經細胞會持續減少

腦部重量之所以會減少，是因為腦的神經細胞會不斷死去。神經細胞的數量持續減少，會導致腦部逐漸萎縮、重量減輕，這就是腦部的老化現象。

腦部以外的組織，即使老舊的細胞死去，還是會誕生新的細胞，所以細胞會不斷汰舊換新。皮膚、肌肉組織、內臟組織都是如此，新生的細胞會一直取代老舊的細胞。

然而，唯有腦的神經細胞會持續減少。根據最新的研究結果，腦部雖然會出現新生的細胞，但數量微乎其微，神經細胞的數量基本上還是會不停減少。

一天有大約十萬個腦細胞消滅

一天內消滅的神經細胞數量，大約有十萬個。這個數字看起來很驚人，但是腦的神經細胞多達一千億個以上，所以實際上這並不是什麼大數量。人類需要耗費將近三十年的時間，神經細胞的數量才會減少約一％。直到死亡為止，也只會減少二～三％左右。

不過，神經細胞最容易減少的部位，是大腦皮質的額葉和顳葉。這兩個部位與記憶、判斷等高度腦功能有關。而處理運動功能的腦幹黑質和小腦，神經細胞也都會明顯減少。

這些部位的神經細胞減少，會導致記憶力下降、容易健忘、身體動作變得不靈活。

腦的神經細胞減少、腦部逐漸萎縮，是一種老化現象。老化的速度會有個體差異，但終究不可能完全阻止。

飲酒、吸菸都會降低腦部功能

飲酒量和失智症的關係

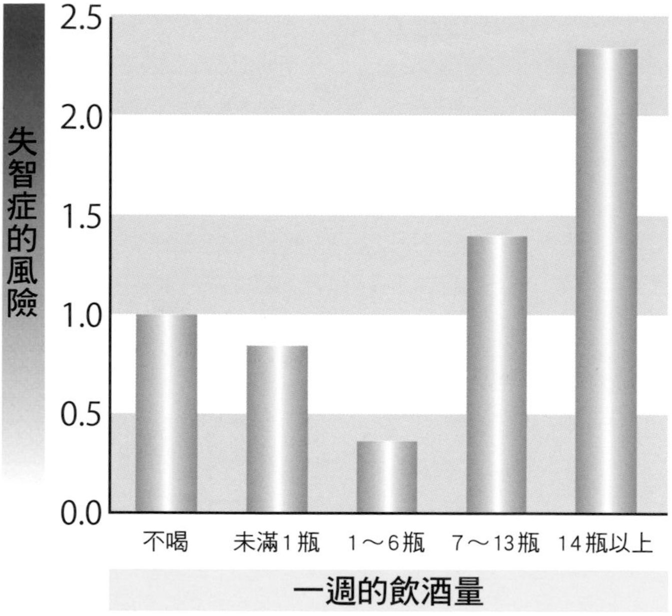

高齡男性平均一週的飲酒量與失智症的風險（引自日本厚生勞動省調查）。

一瓶飲酒量是以350ml的啤酒一瓶為基準。關於失智症的風險，上圖將不喝酒的人罹患失智症的風險設為1，標示出各個飲酒量的失智症風險。

腦部的萎縮程度有很大的個體差異

腦部的重量會隨著年齡增長而減少，腦部逐漸萎縮是無法阻止的現象。但是，腦部的萎縮程度，即便是同一年齡的人也會有很大的個體差異。有些人的腦會隨著年齡持續萎縮，也有些人幾乎沒有萎縮。這種個體差異意味著，腦部的萎縮原因不是只有年齡增加而已，除了年齡以外，還有其他促進腦部萎縮的因素。

會使腦萎縮提早十年的酒類

適度的飲酒可以延緩動脈硬化，有助於預防狹心症、心肌梗塞等心臟疾病。但是，每天習慣喝相當於兩杯日本酒以上的酒類，就會造成各種不良影響，也會加速腦部萎縮。

將接受腦部檢查的三十歲以上、未滿七十歲的人士，分成「不喝酒」、「每天喝大約一杯酒」、「每天喝兩杯以上的酒」這三組，調查各組別的腦部萎縮程度，結果發現，每天喝兩杯以上的人有明顯的腦部萎縮傾向。而根據萎縮的程度，顯示每天喝兩杯酒的習慣，會使腦部的萎縮程度提早大約十年。

吸菸也會導致腦功能下降

香菸會加速動脈硬化。如果腦動脈的硬化加劇、導致血液循環不良，氧氣和營養就無法充分輸送到神經細胞，會造成神經細胞不斷消滅。

此外，香菸釋出的一氧化碳會使運送氧氣的血紅素功能下降，導致腦部處於缺氧狀態，於是腦部功能就會下降。

實際上針對「現在有吸菸習慣者」、「未曾吸菸者」、「已戒菸者」做ＩＱ（智力測驗）調查的研究，結果發現現在有吸菸習慣者，ＩＱ普遍較低。

其他因素

另外還有其他促進腦部萎縮的因素，像是腦部受到嚴重傷害、腦血管的動脈硬化加劇，這些都不是好現象。

例如摔倒和車禍造成頭部重創，就會導致腦部萎縮。

除此之外，中暑導致腦部處於高溫狀態、服用降血糖藥導致低血糖等等，也都會傷害到腦部。

長期高血壓和高脂血症，都會加速動脈硬化，是促進腦部萎縮的因素。壓力過大、過著缺乏腦部刺激的生活，也都會加速腦部的萎縮。

3 頭痛的原理

偏頭痛最有可能的原因是「三叉神經」

引發偏頭痛的機制

1. 某些原因刺激了三叉神經
2. 神經肽釋放出「疼痛的原因」
3. 血管擴張、血管周圍發炎，加倍刺激三叉神經
4. 傳遞到大腦的資訊被認知為疼痛

頭痛

第一型頭痛與第二型頭痛

頭痛這個症狀的起因有很多。因為某種原因疾病而引起的頭痛，稱作第二型頭痛。

例如感冒時的頭痛，就屬於第二型頭痛，腦瘤、腦內出血、蜘蛛膜下腔出血等重大疾病引起的頭痛，也屬於第二型頭痛。

而沒有這些原因疾病，卻發生頭痛，稱作第一型頭痛。第一型頭痛又稱作「慢性頭痛」。

第一型頭痛的類型，包含偏頭痛、緊張型頭痛、群發性頭痛。雖然針對引起這些頭痛的原因，目前醫學研究方面仍然存在許多未解之處，不過，有關偏頭痛的發生機制，現在已經能夠慢慢釐清其面貌了。

腦部周圍的血管擴張

關於偏頭痛發生的原因，有很多種不同的說法。在目前的階段最有力的是「三叉神經說」。三叉神經是掌管顏面、頭部、眼、鼻、口等感覺的神經，連接腦幹。

腦部周圍有一層硬腦膜包覆，這層膜布滿了血管，而三叉神經也分布在這些血管上。

當腦幹發生了某些刺激後，三叉神經就會釋放出一種神經傳導物質，叫作神經肽。於是硬腦膜的血管因此擴張，或是血管周圍發炎，就會產生疼痛。這股刺激也會傳到腦幹的三叉神經神經核，再傳遞到大腦，於是將之認作頭痛。

偏頭痛的特徵是會有一陣一陣的抽動性疼痛，這也與血管的擴張有關。

若要治療偏頭痛，可以服用翠普敦類藥物（triptans）。這個藥具有讓過度擴張的血管恢復原狀的作用，以及消除血管周圍發炎的作用。

前兆症狀的發生機制不明

有些偏頭痛會在疼痛發生以前，先出現前兆症狀。最典型的就是「閃光暗點」症狀，觀看的部分變得灰暗模糊、周圍散發出閃光。這個狀態會持續一陣子，等到消失後就會開始頭痛。

解釋偏頭痛發生機制的三叉神經說，無法說明這個前兆狀況。因此，伴隨前兆狀況的偏頭痛，可能與三叉神經以外的發生機制有關。

4 腦內出血的原理

腦內出血的主要種類

被殼出血 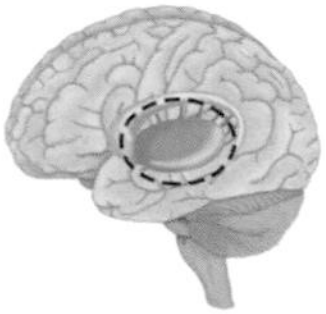	占所有腦出血約一半比例。如果出血僅限於被殼內，症狀會比較輕微；若出血擴及整個大腦基底核，就會造成半身麻痺和感覺障礙。症狀通常是發作時頭痛、意識不清。死亡率較低，但根據意識狀況和出血量，可能需要動手術。
視丘出血 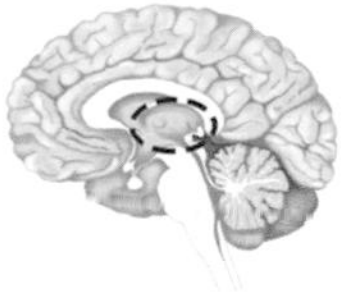	占所有腦出血的三成左右。症狀有麻木、麻痺、感覺障礙等等，絕大多數病例都會留下意識障礙、麻木、半身麻痺等後遺症。還可能併發「急性水腦症」。
皮質下出血 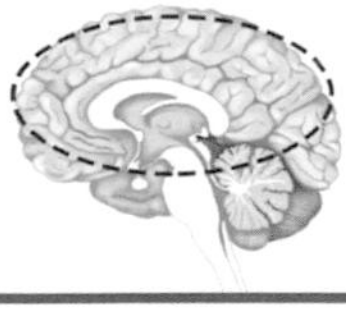	占所有腦出血的一成左右。為大腦皮質下方出血，症狀比其他腦出血要輕，包含抽搐、輕度意識障礙等等。
腦幹出血 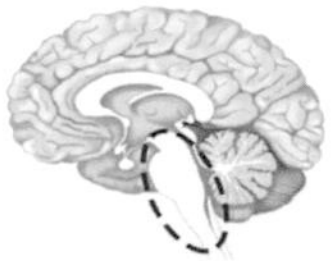	占所有腦出血病例的一成左右。會突然昏厥病危，症狀有意識障礙、呼吸障礙、四肢麻痺、眼球運動障礙等等。一旦發作後，就會昏迷數分鐘，也可能會在數小時內死亡。
小腦出血 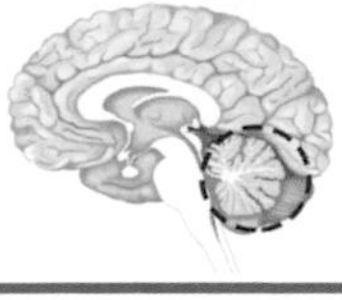	占所有腦出血的一成左右。會出現嘔吐、劇烈頭痛、步行障礙、意識障礙等症狀。

起因為脆弱的血管破裂

腦出血的典型疾病就是「腦中風」。這是腦血管破裂、堵塞造成腦部組織出現障礙的疾病。血管破裂的類型屬於「腦內出血」和「蜘蛛膜下腔出血」，血管堵塞的類型則屬於「腦梗塞」。這裡就來解說腦內出血的情況。

腦內出血是腦中的血管破裂所引發的出血。血管破裂的原因，是動脈硬化加劇，導致血管壁變得脆弱。

腦內出血最重大的原因，就是高血壓。要是一直處於血壓偏高的狀態，就會促進動脈硬化，使血管壁失去彈性。因此，當血管承受壓力、導致血管壁膨脹時，就會造成部分血管壁變薄。進入這種狀態，再加上偏高的血壓，血管壁變薄的部分就會破裂、引發腦內出血。

依照腦內出血的部位，又可以分為被殼出血、視丘出血、皮質下出血、腦幹出血、小腦出血。腦幹出血會引起呼吸麻痺，是有嚴重生命危險的疾病。

血腫壓迫腦部

腦內流出的血液會變成塊狀的血腫，局部性壓迫周圍的腦部，導致腦部組織遭到破壞、引發各式各樣的症狀。

在出血後，周圍的腦部會立刻產生浮腫。如此一來，顱內壓就會上升，壓迫整個腦部。

急性的腦部壓迫可能會造成生命危險，而且對腦的損傷也會變大，甚至成為後遺症重症化的主因。

腦內出血的症狀，會因出血的部位而異，比較常見的是身體單側麻痺和語言障礙。

降低血壓、抑制浮腫

要治療腦出血，首先要服用藥物、適度降低血壓，以抑制腦部浮腫。如果出血範圍較廣，可能會引起抽搐，所以也會併用預防抽搐的藥物。

如果血腫較大，會依需求進行緊急外科治療。

外科治療包含切開部分顱骨、去除血腫的「開顱手術」，以及在顱骨上鑽孔、用注射器吸出血腫的「血腫吸引術」。如果血流入腦室，就要進行「腦室外引流」，從顱骨鑽出的孔中伸入導管，將帶血的腦脊髓液一同抽出。

5 蜘蛛膜下腔出血的原理

原因在於動脈瘤破裂

蜘蛛膜和蜘蛛膜下腔出血

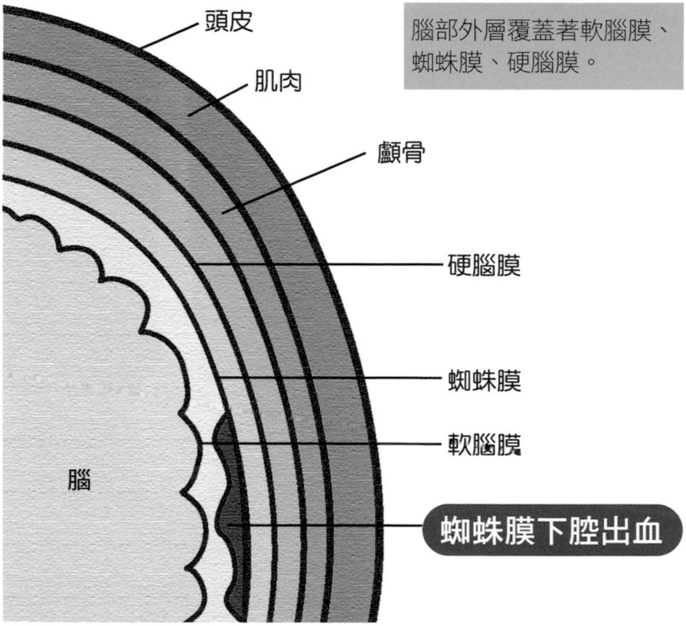

腦部外層覆蓋著軟腦膜、蜘蛛膜、硬腦膜。

蜘蛛膜	蜘蛛膜一名是取自小樑交錯的樣子看起來像蜘蛛網。它與硬腦膜密合，和軟腦膜之間有寬闊的空間，無數纖維束伸展連接蜘蛛膜和軟腦膜的樣子，明顯到肉眼可見。
蜘蛛膜下腔出血	血液流到「蜘蛛膜下腔」，血液混入腦脊髓液的狀況。

蜘蛛膜內側發生出血

第一章已經提過，腦部表面覆蓋了三層保護膜。最內側的是軟腦膜，外層則分別是蜘蛛膜和硬腦膜。軟腦膜和蜘蛛膜之間有一道空隙，稱作蜘蛛膜下腔。這個空隙裡充滿了腦脊髓液。

蜘蛛膜下腔出血，是分布在腦部表面的血管破裂，血液流入蜘蛛膜下腔的疾病。這並不是腦內出血，而是包覆腦部的膜與膜之間出血。流出的血液會迅速蔓延至整個蜘蛛膜下腔。

因此，一旦發生蜘蛛膜下腔出血，就會產生劇烈的頭痛。它的特徵並不是一點一點慢慢開始疼痛，而是像突然被球棒擊中般的劇烈頭痛，而且還會引發意識障礙和呼吸障礙。

大多數的情況下，蜘蛛膜下腔出血都會造成嚴重的生命危險，是腦出血當中死亡率最高的，有三分之一的患者在一開始出血時就死亡。

主要原因是動脈瘤破裂

蜘蛛膜下腔出血通常是起因於腦動脈瘤破裂。腦動脈瘤是在腦血管的瘤狀凸起，會出現在許多動脈分支的部位。剛開始動脈瘤還很小，但會漸漸地像氣球一樣脹大，最後因為某些因素破裂。

形成動脈瘤的原因，目前尚未釐清。

蜘蛛膜下腔出血的發病人數、發病年齡、男女比例，不論在哪個時代都差不多。如果家族裡有人出現蜘蛛膜下腔出血，發病的風險就會升高。由此可見，發病也可能與遺傳因素有關。

不過，並不是只要有腦動脈瘤，就一定會發生蜘蛛膜下腔出血。

進行防止再度破裂的治療

在動脈瘤急性出血時，會一併實行救命治療與防止再破裂的治療。曾經破裂過的動脈瘤，再度破裂的機率很高，一旦再度破裂，死亡率又會更高。

在外科治療方面，會進行開顱手術、用夾子夾住動脈瘤根部的「開顱夾閉手術」。另外也有不開顱的腦動脈瘤栓塞術，將導管插入腹股溝的血管內，一路通向腦動脈瘤，再用極微小的白金製栓塞填堵動脈瘤，將栓塞留置體內。栓塞的周圍會血成血栓，填塞腦動脈瘤的內部、避免破裂。

6 腦梗塞的原理

腦梗塞的症狀

只有一隻腳發麻
單側手腳不易活動，拿筆或筷子會不小心掉落
無法隨心所欲寫出文字
無法好好對話
口齒不清，無法吞口水
視力沒有減退，但卻能看到疊影、缺少部分視野
頭暈目眩、無法直線行走

腦梗塞有三種類型

腦梗塞是腦部動脈堵塞、血液循環中斷，造成腦神經細胞壞死的疾病。腦部需要氧氣和營養才能活動。動脈一旦堵塞，血液就無法流到前面的區域，導致氧氣和營養送不過去，神經細胞就會因此死亡。

根據腦部的障礙部位，會引起身體單邊麻痺、語言障礙。依腦血管堵塞的部位，還有可能造成意識障礙。

腦梗塞可以依動脈的堵塞方式和部位，分成「腦動脈血管栓塞」、「小間隙梗塞」、「腦栓塞」這三種類型。

腦動脈血管栓塞

發生動脈硬化的動脈內側會堆積出粥狀的沉積物，裡面充滿了膽固醇，外表有一層薄膜包覆，若是某些原因導致薄膜破損，血小板就會聚集到破口、快速形成血栓。於是，血栓便堵塞動脈內腔，這就是腦動脈血管栓塞。

這個疾病會發生在腦內比較粗的動脈。特別容易發病的是中大動脈、後大動脈、前大動脈。這些血管都很粗大，負責輸送血液到廣大的區域，因此血流中斷就會形成較大的梗塞區域。

小間隙梗塞

這是較粗的腦動脈分岔形成的細血管——穿透枝血管堵塞的疾病。穿透枝血管發生動脈硬化，血管壁逐漸變厚，導致血管內腔變窄、形成血栓，最終堵塞不通。

由於這個血管很細，梗塞區域較小，即使發病也幾乎不會致命，一般而言症狀較輕微，即使有症狀，頂多也只是感覺障礙或麻痺，甚至很多病人並沒有察覺自己發病。

腦栓塞

這是心臟和頸動脈形成的血栓剝落後，隨著血液循環流到腦部、堵塞血管的疾病。雖然情況會因血栓大小而異，不過血栓容易堆積在比較粗的血管內，使梗塞區域擴大。這是三種腦梗塞當中最容易惡化成重症、死亡率也偏高的腦梗塞。

病因的血栓通常在心臟生成，來自心臟的血栓造成的腦栓塞，稱作心因性腦栓塞。如果有心房顫動這類心律不整症狀，心臟內就很容易形成血栓，因此導致腦梗塞的病例愈來愈多。

7 腦瘤的原理

腦瘤的種類

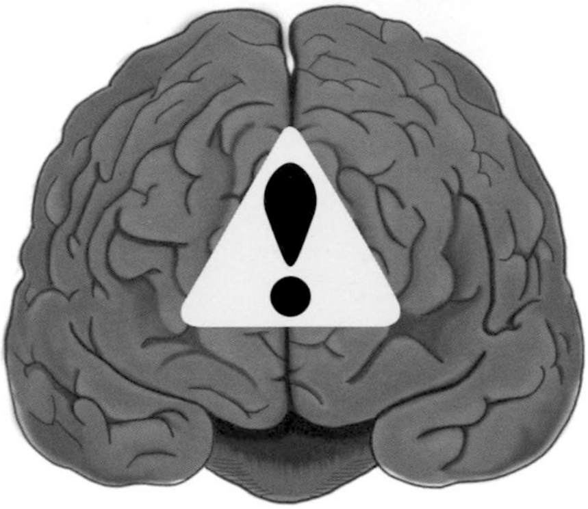

腦和腦部周圍形成的腫瘤，就是腦瘤。

推測大約每10萬人當中，就有10～12人會罹患腦瘤。

小孩常見的腦瘤	大人常見的腦瘤
・髓母細胞瘤	・腦膜瘤
・脈絡叢乳突瘤	・神經膠質瘤
・室管膜瘤	・神經鞘瘤
・顱咽管瘤	・腦下垂體腺瘤
・生殖細胞瘤	

良性腫瘤與惡性腫瘤

腦瘤是頭顱內形成的腫瘤總稱，依腫瘤的性質，可以大致分為良性腫瘤和惡性腫瘤。

良性腫瘤是腫瘤組織和周圍的正常組織有明確的分界，腫瘤處於被膜包覆的狀態，所以不會發生浸潤和轉移，開刀就能切除乾淨。

惡性腫瘤是組織分界不清楚，癌細胞容易浸潤到周圍的組織，甚至可能會轉移。惡性腫瘤是一種癌症。在所有腦瘤當中，惡性腫瘤所占的比例大約為二五%。

良性腫瘤和惡性腫瘤都會不斷增生。當腫瘤變大後，就會壓迫腦部，使顱內壓力升高。因此，就算是良性腫瘤，一旦長大也可能會致命。

腦瘤可分成多種類型

腦瘤可以區分成非常多個種類。ＷＨＯ（世界衛生組織）依照病理分類，將腦瘤分成以下七群，然後再細分出一三二種腦瘤。

①**神經上皮細胞瘤**（星狀細胞瘤、寡樹突細胞瘤、室管膜瘤、脈絡叢乳突瘤、髓母細胞瘤等等）

②**神經髓鞘瘤**（神經鞘瘤、神經纖維瘤等等）

③**腦膜腫瘤**（腦膜瘤、肉瘤、惡性黑色素瘤等等）

④**淋巴瘤、造血組織腫瘤**（惡性淋巴瘤等等）

⑤**生殖細胞瘤**（胚芽瘤、畸胎瘤等等）

⑥**蝶鞍腦下垂體腫瘤**（顱咽管瘤等等）

⑦**轉移性腫瘤**

腦瘤的惡性程度也會因種類而不盡相同。ＷＨＯ將腦瘤的惡性程度分成Ⅰ～Ⅳ共四級，作為選擇治療方法的指標。

症狀會依腫瘤生成部位顯現

腦瘤會依腦內生成腫瘤的部位而出現各式各樣的症狀。

假若腫瘤出現在大腦額葉，會造成認知功能障礙、語言障礙，甚至會引發尿失禁。

腫瘤出現在頂葉，會造成感覺障礙；出現在枕葉，會造成視野變窄的障礙。

如果腫瘤出現在小腦，就會引發步行障礙和運動障礙。腦幹的腫瘤會造成眼球的運動障礙、吞嚥障礙。

此外，當腫瘤變大，使顱內壓升高時，就會導致不停頭痛和嘔吐。

8 阿茲海默症的原理

阿茲海默症的10個檢查重點

1. 變得不在意時間
2. 無法在職場、自家、其他熟悉的地方做出平常的行動
3. 無法處理需要計劃、解決的事情
4. 脾氣變得難以克制
5. 無法理解眼前的事物與周圍的關係
6. 不再繼續長久以來的習慣
7. 無法工作、無法與人交流
8. 無法回顧記憶、忘記東西放在哪裡
9. 不再與人對話、書寫
10. 時間一過就會遺忘

神經細胞消滅、腦部萎縮

阿茲海默症是造成失智症的典型疾病。一旦罹患阿茲海默症，腦部的神經細胞會更快速地消滅，導致腦部萎縮。因此，腦部表面的溝槽會變得又深又寬。

腦部的萎縮會先從與記憶有關的海馬迴開始，所以初期症狀通常是記憶出現障礙。之後，腦部的萎縮會擴及顳葉和頂葉，於是開始陸續出現各種失智症的症狀。

β澱粉樣蛋白累積

腦神經細胞因阿茲海默症而消滅的原因，推測有兩種。一個是長在腦部的斑點狀病變，稱作老人斑。用特殊方法為阿茲海默症患者的腦部組織染色，放在顯微鏡下觀察，可以發現老人斑。

老人斑是β澱粉樣蛋白沉澱形成的物質。β澱粉樣蛋白是神經細胞內的前類澱粉蛋白質（ＡＰＰ）斷裂後所生成。

由於β澱粉樣蛋白屬於老廢物質，通常會從腦中排出。當它未能順利排出，還沉澱在腦內，就會成為引發阿茲海默症的因素。

為什麼老人斑與認知功能有關呢？目前還不得而知。可能是結合神經細胞的突觸資訊傳達功能減弱，才會導致記憶障礙等症狀。

神經原纖維發生變化

另一個可能的原因，就是神經原纖維的變化。研究調查阿茲海默症患者的腦部，可以發現神經細胞內堆積了線頭狀的物質。

這些線頭狀物質，就是Ｔａｕ蛋白聚集而成。Ｔａｕ蛋白也是構成神經細胞的蛋白質之一。

Ｔａｕ蛋白造成的神經原纖維變化，可能與神經細胞的消滅、記憶障礙以外的症狀有關。

治療藥物正在研發中

目前醫學界已經逐步找出阿茲海默症的發病原因，正進一步研發根本治療的藥物。儘管實際應用於治療的現行藥物已然可發揮有抑制症狀惡化的效果，卻仍無法達到根本性的治療。前面所說的新研發藥物，預期目標是預防β澱粉樣蛋白和Ｔａｕ蛋白生成。

9 血管性失智症的原理

病因是各個種類的腦血管障礙

血管性失智症的分類

1 多發性腦梗塞失智症

2 小血管病變導致的失智症
① 多發性小間隙腦梗塞失智症
② 皮質下動脈硬化性腦病變

3 單一關鍵性腦梗塞失智症
【皮質性】
① 角迴症候群　② 後大腦動脈梗塞
③ 前大腦動脈梗塞
④ 中大腦動脈梗塞
【皮質下性】
① 視丘缺血性失智症　② 前腦基底部梗塞

4 低灌流血管性失智症

5 腦出血性失智症

6 其他

特徵是疾病的症狀各不相同，是繼阿茲海默症之後許多失智症的原因疾病。

引用、改寫自 Roman GC et al, 1993。

會引發腦中風的失智症

血管性失智症是因為腦血管障礙所引發的失智症。腦血管障礙涵蓋各式各樣的疾病，其中大多數都是腦中風。腦中風又可分為腦內出血、蜘蛛膜下腔出血、腦梗塞這三種類型的疾病，這些全部都可能引發血管性失智症。

日本人最常見的失智症是起因於阿茲海默症，其次則是血管性失智症。兩者的發病和進展方式都不同。

阿茲海默症造成的失智症會在不知不覺中發病，且逐漸惡化。相較之下，血管性失智症則是因腦中風才發病，病情會因為再度中風而階段性發展。

腦血管障礙的各個種類

引發血管性失智症的障礙有很多種，可以分為下列幾種類型。

●**小血管病變**……腦內的細小血管堵塞，造成小型梗塞、出血，形成小血腫。症狀會因為血腫多次發生而開始顯現。

●**大血管病變**……腦內的粗大血管發生動脈硬化而堵塞，或是心臟內形成的血栓流到腦部造成堵塞，形成大範圍的梗塞。

●**單一病變**……角迴、視丘、前腦基底部、前大腦動脈區域、後大腦動脈區域等與認知功能有關的部位發生中風。即使只有一處病變，也會引發失智症。

●**大腦白質病變**……神經纖維聚集的大腦白質血液不流通，導致腦部的資訊網路傳遞功能下降。

●**腦內出血**……因動脈硬化而變得脆弱的血管破裂，造成腦內出血。腦內組織受到血腫壓迫而受損。

●**蜘蛛膜下腔出血**……腦血管內生成的動脈瘤破裂，血流到包覆腦部的蜘蛛膜下腔。

●**低灌流**……低血壓和心臟衰竭，造成腦內循環的血液量不足，氧氣和營養無法充分輸送到腦部組織，導致腦部功能下降。

可能併發阿茲海默症

過去認為血管性失智症併發阿茲海默症是極為罕見的病例，因此一旦發現腦中風的症狀，或是透過影像檢查發現腦梗塞時，都會診斷為血管性失智症。不過現在根據腦部解剖的結果，已確定兩者併發的病例非常多。腦血管障礙正是使阿茲海默症惡化的主因。

10 路易體失智症的原理

路易體失智症的症狀

	經常摔倒、昏迷不醒
	很健忘
	會胡思亂想
	動作變得遲鈍
	腳拖地行走，步伐變小
	睡眠時會大聲叫喊、迷迷糊糊地起身、夢遊
	產生幻覺
	肌肉僵硬
	沒有喜怒哀樂
	經常發呆失神

以上項目若是符合五項以上，
就有路易體失智症的疑慮。

新型的失智症

日本人的失智症當中，患者人數最多的是阿茲海默症，其次是血管性失智症。雖然這兩個比較廣為人知，但還有病例數第三多的失智症，就是路易體失智症。確診失智症的人當中有一〇%～三〇%都是路易體失智症。它的發現時期較晚，國際上是從一九九五年，才開始使用路易體失智症這個病名。

認知功能障礙當中，最主要的是記憶障礙。尤其是在路易體失智症早期，會出現明明記得卻怎麼也想不出來的再生能力障礙。此外，還會出現建構障礙、視覺認知障礙，無法正確認識形狀和大小，也是這個疾病的特徵。

路易體失智症和帕金森氏症有類似的症狀，包含動作會變得遲緩、走路的步伐變小、無法處理瑣碎的作業、容易摔倒、聲音變小等症狀。

特殊症狀為「視幻覺」

這個失智症的特殊症狀是視幻覺，會看見根本不存在的人物或小動物，所以病患會聲稱「房間的角落有個小孩」、「有人從陽台進來了」、「床上有很多蟲子」。大部分看見的都是人物和小動物，不過能看見什麼會因人而異。

視幻覺在大部分的時候，都會伴隨著不安和恐懼。好發於傍晚和光線微弱的地方，通常在病患獨處時發作。

神經細胞內出現路易體

一旦罹患路易體失智症，記憶和情感相關的大腦邊緣系統的神經細胞就會消滅；若是病情持續發展，記憶相關的海馬迴就會萎縮。

之所以發生這種現象，可能是因為大腦皮質、杏仁核等大範圍的神經細胞裡，生成了名為路易體的物質。

路易體是以α突觸核蛋白為主要成分的物質，會在神經細胞內生成。

路易體失智症的發病過程，首先是在大腦出現路易體，接著擴散到腦幹。擴散到腦幹後，就會出現帕金森症候群。

帕金森氏症也能發現路易體，不過路易體是先出現在腦幹，才擴散到大腦。帕金森氏症也可能會伴隨著失智症。

11 帕金森氏症的原理

帕金森氏症的原因在於多巴胺神經減少

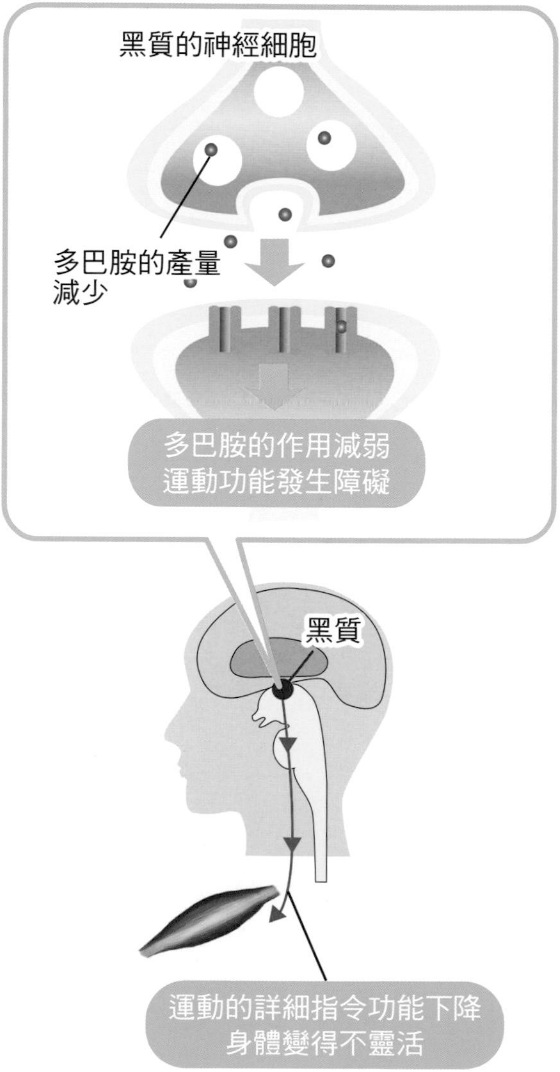
黑質的神經細胞
多巴胺的產量減少
多巴胺的作用減弱
運動功能發生障礙
黑質
運動的詳細指令功能下降
身體變得不靈活

神經傳導物質多巴胺減少

人類在活動身體時，需要大腦皮質下達指令，指令傳達到全身的肌肉，才會執行運動。這個運動指令，與神經傳導物質多巴胺有密切的關聯。

多巴胺是由中腦黑質裡的多巴胺神經所生成，運送到大腦基底核的紋狀體。於是，紋狀體就會發出微調運動的指令。大腦皮質發出的指令，再加上紋狀體的指令，身體才能做出流暢的動作。

帕金森氏症是多巴胺神經減少、無法生成足夠的多巴胺所導致的疾病。因此，調節運動的功能才會下降，使身體的運動出現各式各樣的障礙。

為什麼多巴胺神經會訊速減少呢，目前還不得而知。帕金森氏症大多發生於高齡人士。

四種特殊症狀

帕金森氏症有以下四種特殊症狀。

●**手腳顫抖**（震顫）……靜止時手腳會細微顫抖，先從身體的單側開始，隨著病情發展而演變成兩側。

●**動作遲緩**（寡動）……動作變得緩慢，行走速度也變慢。出現難以改變方向、無法踏出第一步等症狀。

●**關節喀喀作響**（肌強硬）……非自覺症狀，其他人扳動患者手臂關節時，關節無法流暢活動，會發出喀喀聲。

●**無法保持平衡**（姿勢反射障礙）……移動身體的重心時，無法反射性取得平衡，容易跌倒。

以五階段判定嚴重程度

帕金森氏症的進展會根據「Hoehn-Yahr分級表」，判定為下列五個階段。第一到第三期仍然可以自立生活。

●**第一期**……只有身體單側出現症狀。對日常生活的影響較輕微。

●**第二期**……身體兩側都出現症狀。雖然有些不便，但還是能夠正常生活。

●**第三期**……出現步行障礙和反射障礙。活動稍微受到限制。

●**第四期**……身體兩側出現嚴重的症狀。很難自立生活。

●**第五期**……無法站立，需要輪椅輔助。

帕金森氏症是會持續惡化的疾病，不過隨著藥物療法的進步，有愈來愈多人在發病後，依然有很長的歲月能夠自立生活。

12 癲癇的原理

癲癇的種類

- 局部性癲癇
  - 特發性
  - 症狀性
  - 隱原性

- 全身性癲癇
  - 特發性
  - 症狀性
  - 隱原性

腦部發生異常電氣活動

腦部有許多神經細胞均衡地活動，這些神經細胞的活動可能會摻雜異常的電氣活動，並且逐漸擴散。這種現象稱作「癲癇發作」，可以說是腦部異常興奮的狀態。癲癇是腦部疾病，最廣為人知的是反覆抽搐發作。

造成癲癇的原因有很多，包含腦部外傷、胎兒時期的腦部發育異常、腦血管障礙、腦炎等造成的腦部損傷。能夠確定原因的癲癇，稱作「症狀性癲癇」。另外也有原因不明的癲癇，這就稱作「特發性癲癇」。

發作分為兩種

癲癇發作會根據發作的開始方式，分為局部發作（局部性癲癇）和全身發作（全身性癲癇）。

局部發作是從腦部有一部分發生異常電氣活動開始，既然腦部只有一部分發生興奮反應，顯現的症狀就只會與該部分掌管的機能有關，像是手腳等身體一部分發抖、手腳發麻。如果是記憶相關的部分發生異常興奮，那麼記憶就會出現異常。

腦部整體興奮所造成的全身發作，在絕大多數的情況下，病患都會在一發作就立刻昏倒。

腦波出現異常

癲癇的診斷需要做腦波檢查，因為腦波檢查是記錄腦部電氣活動的檢查。

癲癇患者只要做了腦波檢查，即使並沒有發作，也能檢測出異常的波動。癲癇發作期間，異常腦波會連續顯現。這項檢查也可以確定異常的電氣活動是從腦的哪個部分開始。

也會採取外科性治療

癲癇的治療主要是採取抗癲癇藥的藥物療法。雖然狀況會隨著新藥物的問世而改變，不過傳統作法還是對局部發作投用卡馬西平、對全身發作投用丙戊酸，作為首要選擇的藥物。

一般會先從單劑治療開始，用藥後病情未見起色，就會採取多劑併用療法。

如果藥物治療無法抑制癲癇發作，也可能會採取外科性治療。

「前顳葉切除術」是切除發作開始的部位，「胼胝體切開術」則是切斷傳播興奮路徑的手術。

只要接受適當的治療，有七〇～八〇％的癲癇患者都可以成功抑制發作。

13 思覺失調症

以藥物治療為主

思覺失調症的症狀過程

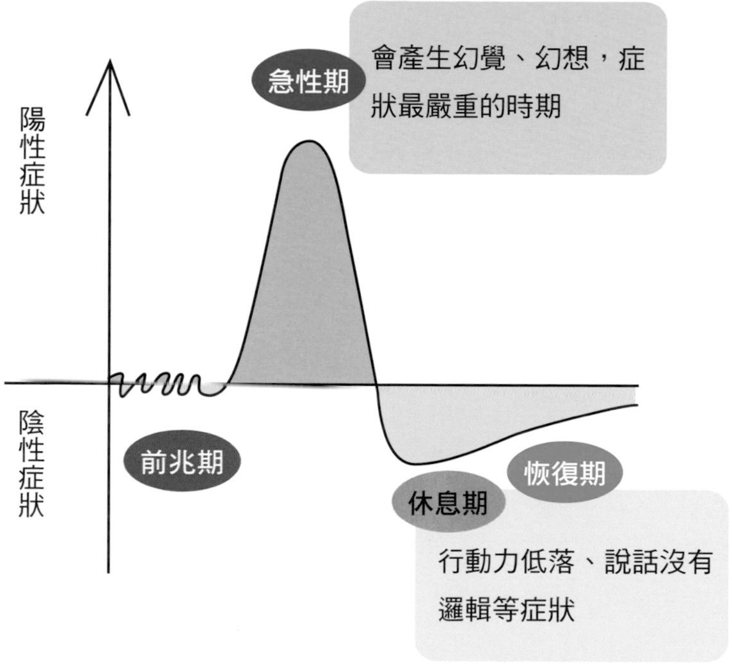

思覺失調症可分為會出現不安、失眠、焦慮等主要症狀的前兆期，會出現幻想、幻覺、幻聽的急性期，行動力減退的休息期、恢復期，但是會不停重複暫時恢復、症狀復發的過程。發病的機制不詳。

神經傳導物質發生異常

思覺失調症的發病率〇・七～〇・八％，也有人種和男女的差異。

發病原因目前尚未釐清，不過可以確定是腦部神經傳導物質發生異常所致。多巴胺和血清素這些神經傳導物質分泌過剩或不足，就會使神經細胞無法順利完成資訊交換。

腦部會接收從眼睛、耳朵等感覺器官傳入的資訊，適度處理後，再下達執行的指令。這時若是神經傳導物質過剩或不足，資訊就無法正確處理，造成各種混亂。思覺失調症的症狀，可能就是因此而起。

有研究報告指出，思覺失調症患者會出現腦內的海馬迴和杏仁核萎縮、腦室擴大等器質性的變化，原因不詳。

症狀會因時期而異

思覺失調症會經歷前兆期、急性期、休息期（消耗期）、恢復期的過程。各個時期都會出現特殊症狀，症狀也可能時好時壞、不停反覆。

●**前兆期**……持續失眠（晚上睡不著、早上起不來）、不安、焦慮、暴躁等等。

●**急性期**……會出現嚴重的陽性症狀。主要症狀為出現將虛構的事物信以為真的「幻覺」、「幻聽」，以及對不可能發生的狀況深信不疑的「幻想」。

●**休息期（消耗期）**……會出現陰性症狀，像是足不出戶、行動力減退、情感麻木、思考力下降等等。

●**恢復期**……情況逐漸好轉。

這些時期的共同症狀，就是認知功能障礙，像是思緒沒有邏輯、無法專心、無法同時處理兩件事等等。

治療以藥物療法為主

思覺失調症的治療是以藥物為主，最重要的藥是抗精神病藥物。這個藥物是藉由調整腦部神經傳導物質的量，讓腦部可以處理正確的資訊，發揮抑制幻覺和幻想的症狀。

過去主要是投用調整多巴胺分量的抗精神病藥物（典型抗精神病藥物）。這種藥物可以改善陽性症狀，但是對陰性症狀幾乎沒有效果。新型的抗精神病藥物（非典型抗精神病藥物），則具有調節多巴胺以外的神經傳導物質分量的作用，對陽性和陰性症狀都能發揮效用。

14 憂鬱症的原理

憂鬱症患者的推移

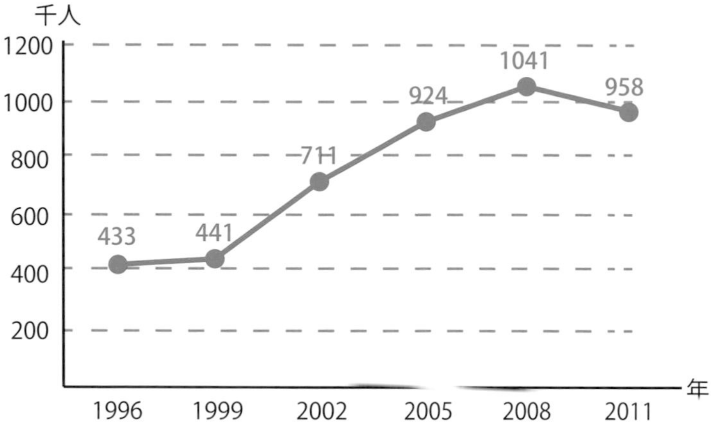

參考：日本厚生勞動省憂鬱症患者人數推移

憂鬱症患者在近十年快速增加，堪稱現代疾病，屬於一種情緒障礙。

憂鬱症的類型

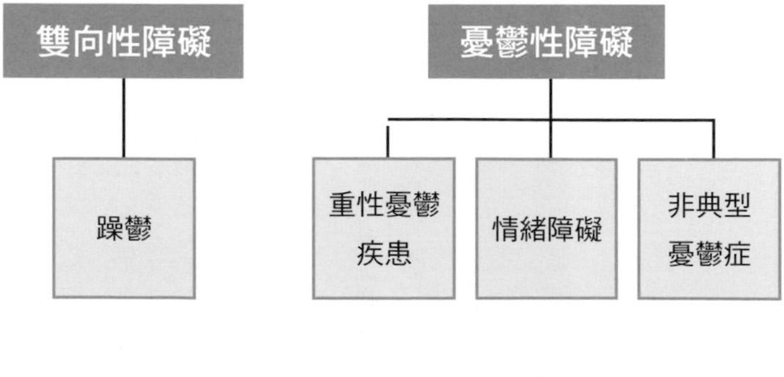

憂鬱症可分為四種類型

一般所謂的憂鬱症，是歸類在「情緒障礙」當中。情緒障礙是情緒、情感、思考、意願、行動等方面出現障礙的疾病總稱。

情緒障礙又大致分為「雙向性障礙」和「憂鬱性障礙」。

雙向性障礙是會出現躁鬱狀態的疾病，過去稱之為「躁鬱症」。憂鬱性障礙則包含「重性憂鬱疾患」、「情緒障礙」、「非典型憂鬱症」。

重性憂鬱疾患並不是重度憂鬱症的意思，因為將英語的「major」直譯為「重性」，所以會讓人誤解，事實上它就是病患人數最多、一般人所稱的「憂鬱症」。

持續性憂鬱症的憂鬱症狀較輕，但會長期處於抑鬱、不痛快的狀態。這是比較年輕的人常見的類型。

非典型憂鬱症會產生嚴重的憂鬱狀態，但是憂鬱的症狀會在嗜睡、過度進食、愉快的時候消失，出現典型的憂鬱症所沒有的症狀。

神經傳導物質正在減少

憂鬱症是因為腦部異常而發病，但是目前還不知道腦部究竟出了什麼問題才會致病，只能推論神經傳導物質的血清素和正腎上腺素減少，可能和憂鬱症狀有關。因此，治療時會使用可以增加這些神經傳導物質的藥劑。

此外，在憂鬱症患者的腦中，杏仁核的活動會變得亢進，前扣帶皮層的活動會下降。杏仁核、海馬迴、額葉聯合區都會萎縮。

使用SSRI和SNRI治療

治療憂鬱症會使用抗憂鬱藥物。抗憂鬱藥物當中最常用的，就是SSRI（選擇性5－羥色胺再攝取抑制劑）和SNRI（5－羥色胺和去甲腎上腺素再攝取抑制劑）。

腦部的神經細胞會在突觸之間釋放出血清素、正腎上腺素等神經傳導物質。神經傳導物質與連接的突觸受體結合，藉此傳遞資訊。而憂鬱症患者突觸間的神經傳導物質數量會逐漸減少。

釋出的突觸會再度攝取沒有結合受體的神經傳導物質，但SSRI會抑制血清素再攝取，SNRI則是會抑制血清素和正腎上腺素再攝取。如此一來，突觸間的血清素和正腎上腺素的量就能夠增加。

15 發育障礙的原理

腦內有未成熟的部位和功能低落

ADHD的特徵

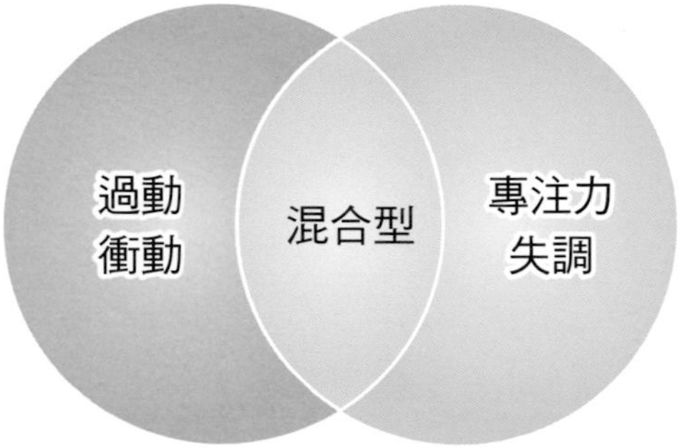

各個症狀

＜專注力失調＞
經常遺失物品
健忘
和人對話時看起來心不在焉
很難一直專注於學習、遊戲上
無法順利完成課題、活動

＜過動＞
無法安靜玩耍
在教室裡經常離開座位
常常愛說話
老是跑來跑去
手腳動個不動

＜衝動＞
無法耐心等候
會妨礙別人
不把別人的提問聽完就搶著回答

發育障礙可分為三種類型

腦部接收到眼睛和耳朵傳來的資訊，處理之後，再執行有目的的行動。這個執行的功能包含控制情感、理解他人的意圖、專注於事物。如果執行功能無法順利運作，就會出現疑似發育障礙的各種症狀。

腦部的發育障礙，大致可以分為以下三種類型。

●**自閉症類群**……過去稱作廣泛性發展障礙。包含「自閉症」、伴隨智能障礙的「高功能自閉症」、沒有語言遲緩和智能障礙的「亞斯伯格症候群」。

●**注意力不足過動症（ADHD）**……會出現無法冷靜的衝動行為、缺乏專注力等症狀。

●**學習障礙（LD）**……非常不擅長文字閱讀、計算。沒有智能障礙和社會性障礙。

某些腦部部位功能低落

發育障礙的原因，與腦部未成熟和功能低落有關，有發育障礙的人，腦部有些部位的功能較低落。

大腦皮質會處理知覺、運動、思考、記憶。有發育障礙的人腦部發育不全，或是左右形狀不對稱。

額葉負責抑制過動和衝動，這個部分的血流一旦變少，功能就會下降。

與被殼共同構成紋狀體的尾狀核，和專注力、情緒的控制、記憶等功能密切相關。這個部位的血流如果減少，可能就會逐漸萎縮。

此外，還會引起神經傳導物質多巴胺和正腎上腺素不足。

與遺傳因素有關

根據同卵雙胞胎的研究，可以證明發育障礙與遺傳因素有關。另外也有報告指出，有大約七〇%的機率會遺傳容易導致發育障礙的性質。

胎兒時期、出生時、新生兒時期等週產期發生的問題，也會影響到腦部功能，研究也指出這是造成發育障礙的原因。孕婦大量飲酒、吸菸、妊娠高血壓症候群、低出生體重兒、新生兒的腦炎和頭部外傷等等，發生在生產前後的問題，也可能會影響到腦部功能。近年來，還有專家指出自閉症類群、節律睡眠障礙、焦慮症等多種共病，會合併成為ADHD情結。

16 藥物成癮的原理

會導致成癮的藥物及其作用

藥物	作　用
興奮劑	會促進多巴胺分泌
古柯鹼	妨礙腦內回收分泌過度的多巴胺
嗎啡	神經細胞會促進多巴胺分泌
香菸	尼古丁會重創腦部，活化血清素和多巴胺的功用
酒精	飲酒當下腦內的多巴胺會增加

↓

幸福感變大、感到興奮。腦內的多巴胺濃度升高

↓

這些快樂會銘記在腦中，妨礙多巴胺分泌

與腦內的犒賞系統有關

麻醉藥物、興奮劑、酒精造成的成癮，屬於一種精神疾病。對成癮者來說這個物質不可或缺，它會在腦部的神經迴路「犒賞系統」發揮重要的功能。

犒賞系統是從腦的腹側被蓋區到伏隔核，透過與多巴胺有關的「愉悅」資訊來強化傳遞效率的路徑。

興奮劑和古柯鹼、都會刺激多巴胺轉運體。酒精和巴比妥類藥物會刺激ＧＡＢＡ受體，大麻則會刺激大麻素Ｉ型受體。如此一來，愉悅的感覺就會激發犒賞系統、強化資訊。腦內的「愉悅」資訊會成為促進成癮的根源。

如果持續濫用這些藥物，額葉聯合區、杏仁核、海馬迴就會逐漸形成藥物成癮神經迴路。

分為精神成癮和生理成癮

成癮又分為精神成癮和生理成癮。

●**精神成癮**……無法停止使用該物質。一旦停止使用，就會感到強烈的焦慮不安。

●**生理成癮**……已適應該物質存在於體內的狀態，也就是腦神經細胞已經順應該物質存在的狀況。當體內一缺乏該物質，就會出現戒斷症狀。像是手部發抖、異常盜汗、心悸、噁心和嘔吐、睡眠障礙、幻覺等症狀。

一旦成癮，身體就會出現抗藥性，導致藥物無法發揮功效。這時就會出現逐漸增加使用量的傾向。

藥物成癮造成的精神成癮、生理成癮、有無抗藥性和抗藥程度，都會因藥物的種類而異。

酒精成癮會使腦部萎縮

酒精成癮（使用障礙）的發病機制也其他的藥物成癮一樣。持續飲酒也會引發肝臟障礙、高血壓、糖尿病等各式各樣的身體障礙。ＷＨＯ（世界衛生組織）公布酒精是造成六十種以上疾病的原因。

此外，酒精還會破壞腦部神經，因此酒精成癮、大量飲酒慢性化以後，就算是年輕人也會出現腦部萎縮。腦部表面的溝槽會變得又寬又深，使腦部中心的腦室變大。

一旦進入這個狀態，還可能會造成記憶障礙、意識障礙等腦部功能障礙。最重要的是及早治療。

Column 5

防止腦部衰退的原理

神經纖維不會減少

成年後的腦部重量，會隨著年齡增長而一點一點慢慢減少。但是，並不是腦部全體都一起減少，有些部分會有顯著的減少，有些部分則不會。

只要一看大腦的剖面圖，會發現表面覆蓋著灰色的部分，以及內側的白色部分。灰色的部分稱作「灰白質」，這裡聚集著神經細胞。白色的部分稱作「白質」，這裡聚集著連接神經細胞的神經纖維束。

神經纖維是神經細胞延伸出的軸突和樹突所構成，藉由不斷傳遞神經細胞的興奮，來組成具有高度資訊處理功能的網路。

神經細胞聚集而成的灰白質，已經證實會隨著年齡增長而減少。神經細胞會因為日復一日不斷消滅，導致逐漸萎縮。然而，白質的重量並不會減輕，甚至還會因為年齡增長而稍微增加。雖然我們無法阻止神經細胞隨著年齡而消滅，但依然可以設法增加神經纖維的網路。

資訊的運用方式不會衰退

腦部容易隨著年齡萎縮的部位，在於大腦皮質的額葉、顳葉等與記憶和判斷有關的部位。年紀大了以後，這些部位的神經細胞會愈來愈少，所以記性會變差、經常忘東忘西。這些現象是所有人都會發生的自然年老變化。

但是，神經纖維的網路並不會減少，反而會增加，所以資訊的運用方式可能並不會因為年齡而衰退。為了儘量避免神經纖維網路減少，最重要的是從事知性活動、刺激大腦皮質。

神經細胞在成年以後依然會增生

傳統的觀點是腦神經細胞不會增加，而是隨著年齡而持續減少。不過根據最新的研究結果，成年人的腦部也會生成新的神經細胞。雖然數量稱不上多，但至少不是一直持續減少。

尤其是在記憶相關的海馬迴，會生成新的神經細胞、組成新的神經纖維網路，這些刺激也會傳送到負責思考和判斷的前額葉皮質。因此，在成年以後，只要不斷刺激腦部，就能有效防止腦部衰退。

依字母排序

依筆畫排序

1~5畫

6~10畫

※粗體數字為標題內包含該項目的頁面

後記

我從小就是左撇子，大家都注意到我是「左撇子」，所以我在四歲以前，就請伯母帶我去上書法課，學會用右手寫字。當時我很疑惑，右手和左手到底有什麼不一樣呢？從此以後，每當我學習新的書法字時，我都會思考這件事。其實，我現在依然覺得自己的左手比右手更加靈活有效率，但寫字還是會使用右手，所以可以親身體驗腦部的變化。

如今回想起來，這件小事就是我這輩子最早開始對腦部產生興趣的時刻。

另外還有一件事，現在想來，正是這件事啟蒙了我成為大腦研究者——那就是在我十歲時母親對我說的一句話。我小時候不太用功，所以母親時常叮嚀我：「頭腦要愈常動才會愈聰明。」她不是叫我「要用功讀書」，而是一直耳提面命「頭腦要愈常動才會愈聰明」。因為這件事，才讓我開始思考：「腦筋該怎麼動才好呢？」

這個想法不知不覺間在我的腦海裡延伸出各式各樣的疑問，最終歸納成為「腦部是怎麼變化的」這個大哉問，並逐漸成為我畢生的課題。

現在，我的手邊已經有了許多實證結果，足以證明頭腦的運用方式可以改變腦內的樹突。這毫無疑問就是腦部的真相。

在我的少年時代，母親並不是一味地要我「用功讀書」，而是提醒我「頭腦要愈常動才會愈聰明」，如今想來這真的非常難能可貴，我對母親的愛實在是感激不盡。至今一憶起此事，我依然能夠感受到自己情緒系統腦區的動盪。

當年的我，認為鍛鍊身體、運動比讀書更有價值，也全心全意投入其中。現在想來，那也是一段很好的經驗，我可以實際感受到運動系統腦區的成長，對於提升腦區能力來說不可或缺。

最後，我想引用一段我尊敬的諾貝爾物理學獎得主埃爾溫・薛丁格（Erwin Schrödinger）博士的文章，送給各位讀者。

「我們清楚地感覺到，要將人類已經掌握的各種知識的總和融為一體，現在才剛剛開始獲得可靠的資料；可是另一方面，僅憑個人的才智，要充分掌握其中很小一部分專業以外的知識，又幾乎是不可能的。我認為（唯恐我們永遠無法到達真正的目標）我們當中應該有一些人，要大膽地對事實和理論加以綜合，即使其中某些知識只是『二手的』，甚或不完整的也亦然，而且還要甘冒因幹蠢事而出醜的危險，除此之外，別無他法可以擺脫前述的兩難困境。」（E・薛丁格《薛丁格生命物理學講義：生命是什麼？》，中文版由貓頭鷹出版社出版）

本書的出版，承蒙了十八世紀神經學家弗朗茲・加爾（Franz Joseph Gall）的腦功能側化理論系統的歷史恩惠，以及前人流傳下來的諸多研究成果。在此表達我誠摯的感謝之意。

加藤 俊德

監修簡介

加藤俊德

腦內科醫師，醫學博士，大腦學校股份有限公司負責人
加藤白金診所院長，昭和大學客座教授
1961年生於日本新潟縣。發達腦科學、MRI腦影像診斷專家，腦區訓練提倡者。
1991年，發現用光線從頭皮測量人類腦部功能的fNIRS原理。10年後，開發出能檢測腦內氧氣交換功能的功能性近紅外光譜技術fNIRS，全球超過700個腦部研究設施使用，因而以fNIRS之父的身分活躍於國內外。1995年，腦部影像法的研究成果獲得肯定，赴美深造。2001年，在美國明尼蘇達大學放射醫學部MR研究中心，從事阿茲海默症和MRI腦部影像的研究。歸國後，曾在慶應義塾大學醫學部、東京大學醫學研究所從事研究，2006年創立大腦學校股份有限公司，推動促進腦部成長的新型醫療。
以醫師身分發明了獨創的MRI腦部影像鑑定術，從胎兒到超高齡人士，總計分析超過1萬人的大腦。曾發現造成發育障礙的海馬迴遲緩症，發表許多研究成果和論文。目前在東京都港區的加藤白金診所根據MRI腦部影像診斷法，診斷發育障礙、失智症並實踐預防醫療。
現於廣播電台「Inter FM 897」的常態節目「腦活性收音機 Dr加藤 大腦學校」（每週六21：30～22：00）好評播放中。

參考文獻：
『図解入門 よくわかる最新「脳」の基本としくみ』後藤 和宏(監修)、秀和システム
『カラー図解 脳・神経のしくみ・はたらき事典』野上晴雄（著）、西東社
『ぜんぶわかる　脳の事典』坂井建雄・久光正（監修）、成美堂出版
『図解雑学　よくわかる脳のしくみ』福永 篤志(監修)、ナツメ社
『アタマがみるみるシャープになる！！　脳の強化書』加藤 俊徳（著）、あさ出版
『日本大百科全書』小学館
『脳とココロのしくみ入門』加藤 俊徳（著）、朝日新聞出版
『ADHD コンプレックスのための脳番地トレーニング』加藤 俊徳（著）、大和出版
『大人の発達障害 - 話し相手の目を3秒以上見つめられない人が読む本』加藤 俊徳（著）、白秋社

【STAFF】
■編輯・製作：有限会社イー・プランニング
■執筆協力：北浦希、武田花織、柄川昭彦、須賀柾晶
■編輯協力：中村曜子
■設計・排版：小山弘子
■插畫：にへいゆりえ

ビジュアル図解脳のしくみがわかる本
VISUAL ZUKAI NOU NO SHIKUMI GA WAKARU HON

視覺圖解 腦的結構與原理

出　　版／楓書坊文化出版社
地　　址／新北市板橋區信義路163巷3號10樓
郵政劃撥／19907596 楓書坊文化出版社
網　　址／www.maplebook.com.tw
電　　話／02-2957-6096
傳　　真／02-2957-6435
監　　修／加藤俊德
翻　　譯／陳聖怡
責任編輯／江婉瑄
內文排版／洪浩剛
港澳經銷／泛華發行代理有限公司
定　　價／320元
初版日期／2022年12月

國家圖書館出版品預行編目資料

視覺圖解：腦的結構與原理 / 加藤俊德監修；陳聖怡翻譯. -- 初版. -- 新北市：楓書坊文化出版社, 2022.12　面；　公分

ISBN 978-986-377-814-1（平裝）

1. 腦部

394.911　　　111014403